孕期无忧，产后无虑

写给新妈妈的孕产期心理学

夏冰 ———— 著

辽宁人民出版社

© 夏冰　2019

图书在版编目（CIP）数据

孕期无忧，产后无虑：写给新妈妈的孕产期心理学 /
夏冰著 . —沈阳：辽宁人民出版社，2019.7
ISBN 978-7-205-09626-7

Ⅰ . ①孕… Ⅱ . ①夏… Ⅲ . ①孕妇—心理保健②产妇
—心理保健 Ⅳ . ① B844.5

中国版本图书馆 CIP 数据核字（2019）第 099436 号

出版发行：辽宁人民出版社
　　　　　地址：沈阳市和平区十一纬路 25 号　邮编：110003
　　　　　电话：024-23284321（邮　购）024-23284324（发行部）
　　　　　传真：024-23284191（发行部）024-23284304（办公室）
　　　　　http://www.lnpph.com.cn
印　　刷：天津旭非印刷有限公司
幅面尺寸：145mm × 210mm
印　　张：8
插　　页：8
字　　数：150 千字
出版时间：2019 年 7 月第 1 版
印刷时间：2019 年 7 月第 1 次印刷
责任编辑：赵维宁
封面设计：主语设计
版式设计：新视点工作室
责任校对：郑　佳
书　　号：ISBN 978-7-205-09626-7

定　　价：45.00 元

推荐序一

崔玉涛

北京崔玉涛儿童健康管理中心 首席健康官

北京崔玉涛育学园儿科诊所 院长

非常欣喜看到夏冰女士撰写的《孕期无忧，产后无虑》一书，她将怀孕、生产、哺育宝宝，这些女性基本都需经历，既充满期待，又担忧、恐慌的事情，如行云流水一般向大家娓娓道来。本书作者写得非常真实，非常生活化。没有说教，没有自播；没有攀比，没有抱怨。就我看来，这是一本全家人都应该看的书籍，而不仅仅是孕产妇群体。

大家应该听说过"生命早期1000天"的概念，指的是从精卵结合到孩子出生后2周岁。这短短1000天，不仅影响到婴幼儿早期生长发育，关键还决定了人类一生的康健。为了这"生命早期1000天"，健康备孕、顺利怀孕、自然分娩、母乳喂养、辅食添加、生长发育，这一连串的生理过程，都离不开从准妈妈到新手妈妈本身，更离不开全家所有成员。准爸爸晋升为新手爸爸、家中老人的称谓升格、月嫂保姆及亲朋好友、海淘购物和微信朋友圈，哪个不影响孩子的生长发育？全家齐心、科学观念、减少刻薄、自然养育，是每个家庭成员及儿童养育工作者都应该做到的，却很难做到。

如此说来，似乎做父母难度挺高，需要学习的东西很多，需要自己做主的事情也很多，会充满太多未知的挑战。33年儿科医生，辗转于公立三甲、私立医院和自己创办的妇儿医疗机构，使我见识了众多全身心爱孩子，却又有不同心态、不同忧虑的父母和家人们，特别是年轻的父母，每天欣赏着自己的宝贝，遐想着全家的未来，担忧着可能的疾患。这种快乐欢喜与诚恐诚惶的养育状态，促使我18年来坚持在《父母必读》杂志开办《崔玉涛医生诊室》栏目，近十年每天通过新浪微博与大家互动，撰写了销量近千万册的《崔玉涛图解家庭育儿》，出版了《崔玉涛谈自然养育》和《崔玉涛育儿百科》两部著作；制作的育儿综艺《崔神驾到》和《谢谢了，崔大夫》累计播放已超过10亿次。我们自己的APP《育学园》注册用户已经超过了1300万，还有《崔玉涛健康绘本》《崔玉涛图解宝宝成长》等也即将出版。所做的这一切都是为了引导家长轻松面对孕育、生产、养育宝宝等相关的事情。

夏冰女士的这本书即将出版，真是值得欣喜，在此衷心推荐给各位读者朋友。希望此书真的能使育龄妇女和家庭成员科学且轻松地面对孕、产、育，不仅为了家中的宝贝，更是为了全家和睦、家庭健康。

不论孕、产、育的过程有多复杂，有一件事是可以肯定的，那就是孩子们未来应对各种问题的时候，会跟父母和家庭的观念相像。这种言传身教的种子从孕育宝宝即已开始。为了家庭幸福美满，为了孩子健康成长，准妈妈的孕、产、育观念会影响到全家乃至周围的人们，还有就是自己可爱的宝宝。大家一起理性、科学、淡定、从容地面对孕、产、育的过程，这对于孩子们的现在和将来，无疑是一份宝贵的礼物。

当然，在我们一起与夏冰女士分享她的孕、产、育过程中全部甜酸苦辣的同时，我们还应明白一个道理：将大把精力投注到育儿之前，所有人都需要先照顾好自己才是，对年轻妈妈们来说更是如此。大家牢记并努力做到这一点确实挺重要!

　　期待本书能帮助更多的家庭科学地、自然地面对孕、产、育同时能给更多的新手妈妈、爸爸带来鼓励!

推荐序二

孙 浩
婚姻家庭咨询师
中国科学院心理研究所婚姻与家庭专业研究生、心理指导师

如果说生命是上帝为人间创造的礼物，那么每一个妈妈都是天使。她们帮助上帝把生命送给人间，让世界充满爱和感恩。

天使们在传送生命时，会遇到各种各样上帝出给她们的考题。

聪明的天使们会很顺利地完成任务，把小婴儿们带到人间，欢笑、喜悦。

还有一些天使们的考题比较难，需要帮助。

这个时候，上帝会伸出爱之手，放在天使的头上，以爱之名护佑她完成自己的任务，确保她可以做一个爱心满满的妈妈。

上帝还会对那些完成任务的天使们说："去，帮帮你们的伙伴，以爱之名。"

夏冰就是我在人间发现的一个天使，虽然我不是上帝，但我知道夏冰传递的就是天使之爱。

她有了自己的小宝宝，成功地成了妈妈，把爱带给宝宝。

现在，我猜想，她是不是接收到上帝的邮件，让她告诉更多的天使如何顺利完成上帝给大家的任务。

我与夏冰，初识于北京人民广播电台的一档节目，那个时候她还没有接到"任务"。我看到她时就觉得，这个美丽的女孩眼睛里散发着清澈湖光，含羞带笑的花容里有一份纯净的温存。这样的女孩，身上本来就有天使般的光芒。

果然，一年多以后，夏冰发消息给我说："孙老师，有时间吗？我们一起吃个饭。我最近写了一本书，想让您帮我作序。"

当我翻开这本书的大纲时，我突然明白，为何第一次见到夏冰时，会在她身上找到爱的芬芳。

这是一本天使帮助天使们的书，让更多的天使们学会如何顺利地做妈妈。

我想，在这里我无需在这个知识爆炸的年代说更多的枯燥无味的专业术语。诸如，孕期的饮食结构、运动方式、情绪调节的重要性、产后抑郁对妈妈和宝宝的危害！

我要说的是，夏冰在完成了上帝交给她的任务之后，她又接收到了另一项任务，就是帮助更多的天使们：带着阳光温暖的爱，去面对自己的孕期和宝宝降生后的世界。

当更多的天使们得到爱的指引，便不会再为了那些困难哭泣。

让爱传递，让生命顺利降生，让婚姻充满幸福，让家庭里的爱蔓延如香浓的咖啡。带给你初夏中如冰如雪的清澈心灵！

《孕期无忧，产后无虑》来自天使的祝福送给天使们！

是"举重若轻"，而不是"隆重对待"，

才让我们成为一个快乐、从容、轻松应对的妈妈。

/

孕三月，摄于捷克布拉格

生产这件事，包含着女性对于母亲这一角色一生的思考，

所有关于生育的深层次梦想、价值、希望和信仰，

都会在这个时间点上集中爆发。

/

孕六月，摄于北京人民广播电台融媒体直播间

怀孕时各种激素的急剧变化和相互作用，

将给我们的大脑带来一次难能可贵的重塑机会，

当你跨越了这个人生的特殊时期，

你的心智水平也会得到史无前例的升级。

孕七月，摄于泰国清迈

在怀孕过程中没有过度紧张、过度期待、过度特殊化，
孕妇在产后罹患抑郁症的可能性就会大大降低。

/

孕八月，摄于北京

产后抑郁的高危人群，并不是我们臆想中"性格软弱"的女性，恰恰相反，那些性格要强、推崇独立、拥有自己事业的职场妈妈们，更容易受到产后抑郁的威胁。

/

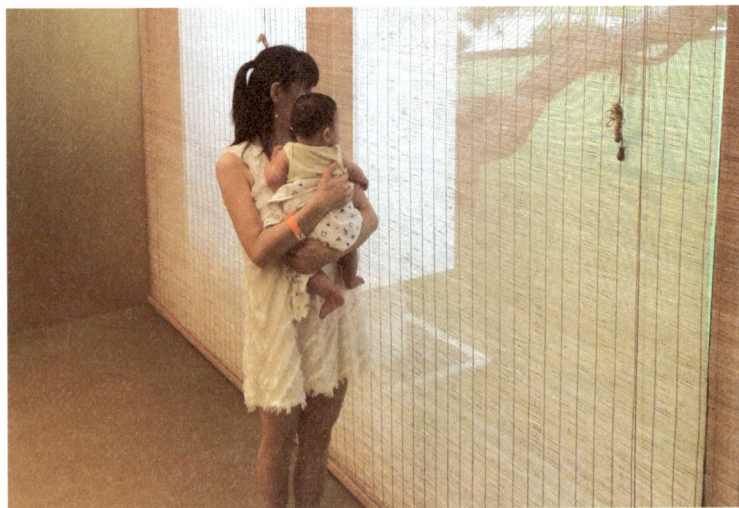

产后 112 天，摄于北京松美术馆

目　录

CHAPTER 10
写给新爸爸的话

特别篇
以食养心，"食商"升级

举重若轻

· · · · ·

　　不断加快的生活节奏，因为怀孕而给自己布置的一件接着一件的任务，反而给自己增加了不少额外的心理压力，带来了精神的紧张。新时代的孕产妇往往过于关注生活的表面，学习了太多孕育的"术"，却忘记了关照内心的节律是否安宁。面对再自然不过的孕育过程，有一种"道"至关重要，那便是心灵层面的松弛和自在，内心深处真正的强大和自信。

副交感神经的启示：举重若轻

在我怀胎6个月的时候，应邀去主持一个营养学的沙龙，沙龙的主要议程是访谈一位久负盛名的营养学专家。活动进行得很顺利，和往常一样，我在主持活动时会进入一种"适度紧张"的状态——背部挺直，肩膀僵硬。由于正处在孕期，大脑转速下降，嘴巴时不时就跟不上脑子，这让我的紧张程度有增无减。

活动完毕，工作人员一边帮我拆除设备，一边说着"你的状态真好""坐着都看不出肚子"之类的话，只有这位营养学泰斗看出了我努力掩饰的紧张。

——"主持得不错。"

——"哪里哪里，您的回答才是很棒。"

——"你啊，现在最好要减少一半的工作，不要让自己过度紧张，多用你的副交感神经①。"

——"副交感神经？"

——"对，把身体交给副交感神经，这对你跟孩子都有好处。"

回去的路上，这段对话在我的脑中反复播放，让我不由得检视起自己的心情。很多时候，旁人的话令你印象深刻，是因为那些话刚好正中要害，道出了埋藏在你潜意识中的东西。

超过30岁的我，从得知怀孕的那一刻起，脑子里便不自觉地绷紧了好多条弦。因为自诩为新时代的知识女性，我自然也要求自己在孕育这件事上做到科学周到、精益求精，对吃什么、不吃什么，做什么、不做什么都严格要求。是的，怀孕对于我来说，像是一个需要隆重对待的问题，而且恰恰是这种隆重，让我在怀孕之后，反而比之前更加忙碌，也徒增了不少隐形的负担。

然而，作为孕妇，最重要的是什么？要成为妈妈，最重要的又是什么呢？

---

① 副交感神经：是植物性神经系统的一部分，它和交感神经对立统一、互相协调，共同控制人体的生理活动。当人体处于紧张活动状态时，交感神经的活动起主要作用。当人处于平静状态时，副交感神经的活动起主要作用。

时代发展的脚步已经远远超过了人类基因进化的速度，信息爆炸让怀孕这件事可以写出一百部百科全书，医学的进步让生孩子变得更加精细也更加安全，但胎儿生长所需要的土壤跟几千年前相比却几乎没有差别。现在，孕妇很难会缺乏营养了，只要看看产科门诊那些孕期血糖高的人数是如何在增长，就会知道物质丰富带给孕妇们的是另一种烦恼。

信息层面和物质层面的过剩让我们不必再担心科学手段和营养匮乏的情况，但另一个隐形的影响因子却在潜移默化危害孕期健康，那便是内心层面的健康，也包括这位营养学专家所提到的"副交感神经"及其他神经系统的健康状况。

一方面，中国精神科医师协会的一份调查报告显示：中国妇女患有产后抑郁症的人群比例高达50%—70%，其中超过10%的人会发展成永久的抑郁症，而产后抑郁的影响期长达1—10年。心理学家瑞敏曾感叹：产后抑郁，是祸害现代女性的一大杀手。

另一方面，伴随脑科学的不断发展，已经有不少实验证实：孕期母亲的心理状态、情绪状况，甚至是家庭气氛，都会实实在在地影响胚胎的基因表达和生长发育。我们确实住得更舒适、吃得更营养、孕育得更科学了，但包括产后抑郁、婴儿早期情绪等在内的一系列问题，却并没有因为时代的发展而被缓解。

　　"把身体交给副交感神经"，一句话惊醒梦中人。不断加快的生活节奏，因为怀孕而给自己布置的一件接着一件的任务，反而给自己增加了不少额外的心理压力，带来了精神的紧张。新时代的孕产妇往往过于关注生活的表面，学习了太多孕育的"术"，却忘记了关照内心的节律是否安宁。面对再自然不过的孕育过程，有一种"道"至关重要，那便是心灵层面的松弛和自在，内心深处真正的强大和自信。

　　是"举重若轻"，而不是"隆重对待"，才能让我们成为一个快乐、从容、轻松应对的妈妈。

破茧成蝶，成为更好的自己

还记得我在大学里上的第一堂心理学选修课，心理专业的老师说："人们都鼓吹青春期的单纯、美好、难以复制，但我要说，其实青春期是人一生中最容易产生心理问题的时期之一。这是因为，这个特殊时期的孩子，与世界的接触面迅速扩大，由此而产生的内心冲突比此前经历的总和都要多。与此同时，各种文化作品对青春期美好的种种鼓吹，造成了年轻人面对内心困扰时避而不谈，这恰恰带来了更多的青春期问题。"

让我再度想起这个场景的，是在刚生完孩子后那段难熬的时光。

和青春期很相像的是，影视剧作品中对于"生产"的描绘，浓墨重彩的部分都集中在新妈妈的幸福、满足、忙碌，却忽略了其中包含的艰难、压力，甚至是乌云压顶一般的沉重感。事实上，生产的"高光时刻"往往只是一瞬间，在更多的时间里，新妈妈们独自面临着人生中最艰巨的挑战。家庭结构和生活秩序同时面临着"失序—重建"的过程，这无疑带给她们更深层次的考验。

对于产后心理疏导的忽视，让很多新妈妈难逃"产后抑郁"的魔爪。像是我，就经历了长达十个月的低潮期，那几乎是我人生最难熬的三百多天。那个时候的我忧郁、沮丧，以至于不断地自我怀疑，负面念头层出不穷，让我感到自己已经到了生命的最边缘。

要知道，妈妈们的"为母则强"并不是与生俱来的。我看到很多新妈妈在网络上吐槽甚至是"吐血"，听到身边太多被担惊受怕深深困扰的，在患得患失之间心情起伏的准妈妈和新妈妈们。我们的遭遇和经历并不是个案，但这些不快乐，却并不是怀孕和生产所必须经历的。

生产这件事，包含着女性对于母亲这一角色一生的思考，所有关于生育的深层次梦想、价值、希望和信仰，都在这个时间点上集中爆发。孕产期与青春期在一点上很相似：那就是，当你拥有了足够的勇气，跨越了这个人生的"特殊时期"，你的心智水平就得到了史无前例的"升级"。甚至可以说，你借由生产这道坎，变成了一个新的人，不仅仅是你看待事情、处理事情的方式，甚至你与整个世界的连接，都会走入一个全新的阶段。是的，我们面临着产后抑郁等一系列心理风险，但当你能够像升级打怪一样过关斩将，并最终赢得挑战，你就能够在走过孕产期之后，收获真正的成就感、自信心和无与伦比的内心力量。

正所谓"所有打不倒你的，都会让你变得更强"。

脑科学的研究还证实，怀孕时各种激素的急剧变化和相互作用，将给我们的大脑带来难能可贵的重塑机会。

从怀孕的第一个月开始，我们身体的雌激素便呈现稳步上升的趋势，直到孕九个月才停止增长。雌激素能够增加乙酰胆碱等神经递质（神经递质是神经系统中比较特殊的一类化学物质。）的合成和传递，还可以减少胆碱酯酶抑制剂的代谢转化，这些化学物质作用于我们的情绪和神经状态，能调节我们的学习、记忆和认知功能。

另一种孕期重要的激素——孕激素，也在我们怀孕之后呈现持续增长的态势。这些激素水平的巨变，都可以改变我们脑部某些区域神经元的大小，起到调节学习、记忆和认知功能。

我们常听到人说"一孕傻三年"，其实是因为怀孕和生产这件事分散了孕产妇们大部分的注意力，加上睡眠欠佳，操劳琐事，很容易在日常生活中出现小差错。事实上，孕产期里这些活跃的激素，反而能促进神经元的功能和生长，让我们已经停滞发育的部分机能被重新唤醒，简单来说，新妈妈们不仅不会变傻，反而还有很大概率会变得更敏锐、更聪明。

在孕产期让自己的心智经历二次发育，变得更加成熟和睿智，也带给新生宝宝最积极的"妈妈教"，这难道不是我们梦寐以求的双赢吗？

在充满了压力和焦虑的当今社会，无论做一个从容有致、内心强大的准妈妈，还是成为一个快乐的、充满能量的新妈妈，都需要我们从备孕甚至更早期就将更多的注意力放在心灵层面。所谓"磨刀不误砍柴工"，早早练就自己去应对挑战的心力。

事实却是，与大量的孕期百科、育儿百科这种技术类的书籍相比，市面上对准妈妈提供心理辅助的书却几乎是没有的。我想，这也从另一个侧面反映出，准妈妈和新妈妈们在心灵层面是缺乏帮助的，需要具有建设性的指导。

因此，这本书可以作为所有讲解"技术"类育儿书籍的先导读物。我也希望借由这本书，能让所有准备怀孕、正在怀孕以及完成了生产的妈妈们，以一种理想的心理状态走过这个人生中最特殊的一个阶段，甚至能借由生产这场大考，完成自我蜕变，收获力量感满满的自己。要知道，怀孕生产是女性一生中最可能完成心智成熟的时期，借由宝宝的出生，你获得了宝贵的机会，去成为内心更平静，也更强大的人。一个自给自足、自我感觉良好的新手妈妈，也是送给你的宝贝最珍贵的第一份礼物。

让我们一起从这里开始，走上蜕变之旅吧。

CHAPTER

01

探寻真实心意

· · · · ·

"孩子是我自己想要的，苦点儿累点儿也心甘情愿。"

"都想过了呢，成为妈妈要放弃一些自我，可我能得到一个天使般的宝宝呀，太值了。"

——自主的选择意味着我们决定让自己成为那个主动承担的人，作为新妈妈的"掌控力"，正是从这里开始的。

为什么要孕育一个孩子？

中国有句古话叫做"既来之，则安之"，说的是有些事情已经发生了，就欣然地去接受。但是，在生孩子这件事上，我们真的能做到"来之则安"吗？

我根本没想过自己会变成这样！

明明没准备好要孩子的，现在职业生涯被中断了，真想能回到过去重选一次。

都是你，一直让我要孩子，可是生完了都扔给我一个人带，呜呜呜……

——稀里糊涂地就被冠上了"妈妈"这一角色，不适应的情况一直在发生。

怀孕的初衷，决定了我们怀着什么样的心情成为父母；怀孕的初衷，会在未来的十个月里被逐渐催化，决定着我们患上产后抑郁的可能性。

那么，为什么我们要孕育一个孩子呢？

这个可以上升到哲学层面的问题听起来大而无当，却给我们的整个怀孕和生产过程绘制了一道底色。因为相爱而希望有一个爱的结晶，自然是最普遍的答案；一些人因为超级喜欢小孩而早早做好了哺育的打算；另外很多人会说，因为大家都这么做啊，年龄到了，需要孩子来延续生命、填充生活；也有不少人会因为别人的愿望而走上孕育之路，丈夫啦、公婆啦、自己的父母，等等；更有的人，仅仅是心血来潮，或是，意料之外？！

然而，不论原本是什么将我们推到了"做妈妈"的转捩点，我们都不能忽略了，在人生的这一重大决定面前，来一场（可能不止一场）跟自己的单独对话。因为，我们的生活越是没有目的，我们的行为就越会受到社会规则、他人的期望以及环境的控制。而生孩子这件事可不像高考报志愿，或是对第一份工作的选择，因为专业可以调换，工作可以跳槽，而孩子一旦来到我们的生命当中，就会跟我们建立起血缘上无法分割的"强关系"，伴随一生。

　　总之，"依葫芦画瓢"是不能成为我们生孩子的原因的，那其实相当于，我们在"生孩子"这件事上根本没有一个基本的价值观。价值观这件事虽说看不见、摸不着，可真到了关键时刻，它可以成为我们的心理平衡的保护伞。糊里糊涂真要命，它会让我们不知不觉迷失在生活的琐碎里，分不清楚什么对我们来说是最重要的。

　　保持和我们的价值观一致的生活方式将为你带来完全不同的生活体验，特别是在怀孕这件事上，想明白我们的初衷和目标，我们就将美好生活的罗盘掌握在了自己的手中。

　　孩子是我自己想要的，苦点儿累点儿也心甘情愿。

　　都想过了呢，成为妈妈要放弃一些自我，可我能得到一个天使般的宝宝呀，太值了。

　　——自主的选择意味着我们决定让自己成为那个主动承担的人，作为新妈妈的"掌控力"，正是从这里开始的。

为自己孕育

孕育价值观是指导我们从怀孕到角色转换的一整套价值体系，但操作起来并没有听上去那么复杂。其实，我们只需要想清楚"初心"和"目标"这两件事，就已经跑到了大多数孕妇的前面，有了一个理性而成熟的开始。

不论我们是如何走上孕育之路的，从知道怀孕的那一刻起，我们都有重新选择自己孕育"初衷"的机会。我们需要把那些"不得不"和"意料之外"抛到一边，重新做一次"革命性"的思考。想一想，什么样的"初衷"最能为我们自己和腹中的宝宝服务？什么样的"初衷"能够一以贯之，增加我们在成为妈妈整个过程中的自主性？

我想，没有什么能比"为自己孕育"更能帮助我们抵达内心的和谐和笃定了。"为自己孕育"也是我们在走过了传统的封建时代之后，女性意识觉醒的最重要体现之一。

一方面，"为自己"的孕育初衷其实最接近我们的本能。在生物学上，女性天然具有"生育本能"，"母性"也是我们骨子里天然被编码的一种属性。另一方面，所有其他"不是为自己"的初衷都不稳定，只有"为自己"，才能让我们对孕育这件事全盘负起责任，主动承担结果。

主动去做事是增加我们掌控力的最有效方法，如果我们自始至终被期待着去实现他人的愿望，那我们也一定会期待别人能够解决自己的问题。很多在产房里一边承受着剧痛一边臭骂丈夫的产妇让人哭笑不得，但也多少说明了，"别人其实拿不走你的问题"。"为自己孕育"会增加我们的决心，越是在艰难的时刻，从自己心底出发的愿望才不容易动摇，即使受苦也不会抱怨连连。

怀孕生子并非一朝一夕，其间充满了孕期的不适，剧痛煎熬的生产，哺乳期开始时乳房的破血疼痛，以及在生产之后的近一年时间里，起夜喂奶、全天候的照料、失去往日的自由……从现实的层面来说，将近两年的时间充满各种可以预见、难以预料的荆棘，而对于所有跋山涉水的人，唯有心中持有信念，才能苦中作乐，在困窘的时刻里仍然怡然自得。

　　此外，"为自己孕育"甚至应该是现代女性解放运动中的应有之义。是的，我们承担着人类繁衍的关键使命，但具体到个人的"生与不生"，也只能是自己说了算！"为自己孕育"在事实上也符合我们的人性，在一项关于"年轻时做了什么让你真正后悔"的长期调查中，"生孩子"被排在"人生后悔选项"的最末尾几位。当我们经历了产床上的声嘶力竭，以及孩子出生后头一年最辛苦的时光，我们会发现从孩子身上获得的幸福感将远远超出我们所能期待的所有之和。借由孩子，我们得以从全新的角度审视生命，我们的生命也会因为孩子的到来而变得更有意义、更丰沛。

　　当然，并不是每个女性都需要生育，"为自己不孕育"的声音同样坚定有力。如果你非常明确地认识自己，认为单身的自由比生育更宝贵；或哪怕处在亲密关系当中发现自己的"妻性"胜过了"母性"；如果你更在意自我的感受和感情，对于哺育后代并没有太多兴趣，那么你当然可以对生孩子说"NO"。

　　其实，心意不同并没关系，重要的是了解自己的心意，这个时代已经给了我们足够的自由度去选择适合自己的生活方式。生产的各种利弊对每个人意义不同，"为自己孕育"或"为自己不孕育"，重要的都在"为自己"上。明确自己心意之后，剩下的就是行动，"知行合一"比什么都重要。

在怀孕之前，我特意做了下面这张表格，罗列了生或不生孩子将给自己的生活带来的改变，通过很简单的对比就能清楚地探测自己的心意。我们需要认识到，如果一件事情有百分之百的优势，那根本不用去思考；优劣参半的事情，才需要我们花更多的时间，来做成熟的、立体的思考。

不生孩子带来的改变	生孩子带来的改变
生活质量不变。	生活质量一定程度降低。
短期内身体状态不变，但患妇科疾病的概率升高。	要经历身材走形、虚弱、疼痛、慢性疾病的困扰。
职业规划按部就班。	职业生涯面临中断。
自由自在，但时间久了难免空虚无聊。	生活自由度大打折扣。
夫妻之间恋爱的感觉被最大化延长，但过了热恋期后也存在没有新话题的危险。	夫妻之间的连接被升华，多了很多家庭话题，也将共同面临生活琐碎。
过好自己的简单、轻松，无尽的时间和情感可以去填满。	养育孩子带来麻烦，也带来无尽的快乐，你的时间和情感都有了新的用场。
需要不断寻找激发自己奋斗的原因和动力。	孩子带来了奋斗的新动力和新意义。
更多依赖朋友，与更多同样"不生孩子"的人交朋友。	孩子是父母的老师和镜子，能让你从另一个角度审视人生。

以上是我自己在生孩子的问题上可以预见的一些利弊，这当然并不适用于每个人。

如果你思量好了生孩子的得失（或者为了孩子你已经不计较得失），并主动做出了选择，在"为自己孕育"的决心下，你可以真正开始一场意义非凡的生产了。如果你仍然心存疑虑，或无法区分究竟什么是这场妊娠的出发点，那么你需要再给自己一些时间，等待属于你的那个时点，和你自己的答案。

当然，弄清楚自己的心意本身就是一件并不容易的事情，更何况，心意还一直在动态地变化着。有的时候，"特别想要小孩"的女性在升级为新妈妈之后却发现，自己对于小孩的感情并没有想象中来得那么自然而然；也有的时候，秉持着"要就要了吧"这样随遇而安心情的妈妈，反而收获了很强烈的做母亲的幸福感。不过，这都没有关系，重要的问题在于，我们需要借助思考，把事情的决定权掌握在自己的手里。

"为自己"这三个字能够激发出一个人无穷多的潜力，也能提升我们对于逆境的耐受力，"为自己"能让我们的心境变得踏实，虽然过程辛苦，但会感到值得。

当我们具备了孕育一个生命的"原动力"，一切就可以开始了。

像猎手一样瞄准目标

流感这么严重，好担心自己的感冒是病毒性流感，这可怎么办？

不知不觉长了这么多体重，胎儿还没多大呢，全长自己身上了。

到年底才意识到，生孩子影响了明年的招投标，完全打乱了我的职业规划。

——想要防止这样的心情不断涌现，你需要提前设定明确的生产目标，和一整套的怀孕计划。

你需要一个目标体系

决定一件事的成功率和最终满意度的是什么？很大程度在于目标，人与人之间大部分差别的产生，往往也来自是否有一个明确的目标。"走一步看一步"这种态度，真的是不适用于怀孕。愿景心理学提出：只要你对你想要的东西有一个清楚的计划，你就会发现，生命常常有方法让你得到它。

与跟着感觉走相比，制定目标会让你的整个备孕期和孕期充满动力，目标会为你的每个行为赋予意义，并引领着你平稳进入到下一个、再下一个阶段。

如果说"价值观"是整个孕育过程的一层底色，那么"目标"则是这个过程的"骨架"，它能避免你在时间中迷失自己，并在"意料之外"发生的时候，给你一颗内在的"定心丸"。有过经验的孕产妇都知道，伴随月份的增加，我们将会听到无数种关于怀孕的民间说法，会收到不同的人给予我们的妊娠指导，衡量我们采纳与否的准绳，就在于它们是否符合我们的目标。

设定孕期目标是你面对怀孕要完成的第一个"小仪式"。它意味着，你的孕育之旅正式开始。你需要一个总体目标和若干分项目标，总体目标包括希望自己如何怀孕、何时怀孕、度过怎样的孕期、如何生产、母乳计划，等等；而分项目标则更加细化，通常包括了体重管理的目标、运动目标、营养目标、产后的职业目标、家庭目标，等等。

计划内的怀孕

最理想的状况当然是和"准爸爸"一起来制定整个的孕育目标，基于你和丈夫的共识来设定怀孕计划，让它成为你们每晚睡前"闲聊时间"的主要内容，你们甚至可以讨论孩子出生之后的养育计划。这其中不仅会充满乐趣，也会让你们彼此增进了解。你可以列一个计划表格，并不时地填充进去内容使其更加完善。

一套完整的怀孕计划应当包括：

时间计划	你期待孩子何时出生，如果希望要二胎，你希望自己在多少岁前完成生产计划，等等。
体检计划	在备孕阶段和丈夫一起做好身体检查。
疫苗计划	推荐有条件的孕妈妈在正式备孕之前给自己的身体穿好防护罩，一套完整的疫苗计划通常包括肝炎疫苗、水痘疫苗、风疹疫苗、流感疫苗、HPV疫苗等。
营养计划	在备孕开始时，准妈妈需要停止节食，开始规律饮食，减少加工食品的摄入，提高优质蛋白质摄取。
运动计划	在怀孕之前养成有规律的运动习惯（这是最重要的），以及学会一些运动技能（比如游泳、瑜伽等），将让你的整个孕期都有更棒的状态，但等到怀孕后才开始学习游泳不是安全之举。
体重计划	在备孕之前就达到标准体重，对于顺利生产和孩子的健康都至关重要，超重妈妈更容易出现孕期糖尿病，并带来超重宝宝，增加孩子一生的超重风险。

工作计划	备孕期间，你需要开始践行规律作息，频繁的出差和过于忙碌的日程不利于受孕和解决孕早期的各种身体不适，所以对未来一年甚至两年的工作计划，需要提前有所准备。
生活计划	通勤计划——有条件的话，在怀孕之前拿到驾照吧，孕晚期乘公共交通或者时刻有家人为你开车都不如自己开车来得方便和高效。 旅行计划——在怀孕前来一次尽兴的旅行绝对是不错的选择，要知道你很可能在未来的一年甚至更长时间里，活动范围急剧缩小。 居住计划——一定要在怀孕前为未来居住的环境做好长期安排，在孕期，无论是搬家、装修或者是住进刚装修好的房屋都是不可取的：一方面，孕期时你的体力会不断下降；另一方面，装修材料中的甲醛、氡气将给怀孕带来很大风险。

不过，就像参加高考一样，在怀孕这件事上，绝大部分人都不会达到"一切都准备好了""万事俱备"的状态。

以职业计划为例，很多正处在事业上坡期的女性，似乎很难找到一个"合适时点"。这个时候你可以告诉自己，随着社会节奏的加快和工龄的增长，你只会越来越忙，这会使得你越来越没办法找到一个适合怀孕的"完美时间"。与其如此，既然决定了要小孩，就不如从当下开始计划吧。

孕育的过程不仅需要切实的行动，还是一个逐步带入的心理过程，只要你有意识地开始吸收相关知识，并开启自律模式，你就已经在"游刃有余"的路上大踏步向前了。

意外之喜："0和1法则"

　　尽管计划内的怀孕更大可能让我们进入安心的孕期，但也有很多人是通过意外怀孕迎来小生命的，甚至有越来越多的女性是在怀孕了之后才选择走入婚姻。怀孕，似乎成了某种关乎命运的"信号"，告诉我们该和某个人认真地生活在一起，开启一段全新的生活。

　　但当惊喜过后，意外怀孕也常常为孕妇带来很大的心理负担。

　　"天哪，上个月我还喝了两次酒，甚至有一次有明显的醉意！"

　　"怀孕三个月才开始吃叶酸，我的宝宝会是兔唇高风险吗？"

　　"算起来，那次重感冒的时候，小家伙已经到来几个星期了呢。哦，不，那时候我吃了感冒药！"

　　从知道怀孕的那一刻起，被"意外"砸中的准妈妈们，一定会开始排查自己从末次月经起都做了什么。那些在不知情的情况下"破的戒"——节食、饮酒、服药、熬夜、吃生食、大量运动、性生活，等等——都会为这次怀孕带来一丝忧愁，谁能控制住自己不去担心呢？

雅楠是在自己孕八周的时候得知自己怀孕的，不规律的月经以及神经大条的性格让她忽略了身体的变化，还是在推拿按摩师的建议之下，雅楠才去做了"两道杠测试"——验孕。

又惊又喜的感觉没持续多久，不知所措的感觉就占据了她的大脑。在前两个月中，雅楠的日常咖啡一天都没有停过，还喝醉过两次，日料也吃了不少。更要命的是，因为要准备去海岛的"比基尼旅行"，她持续一个月在健身房狂练腹肌。

去妇产科的第一次检查，雅楠将自己过去两个月中的"犯戒"行为一一向医生坦白。医生频频送来"摇头礼"，意思是：这么折腾胎儿质量肯定不行啊，先兆流产的概率很高，等等，还给她开了大把的安胎药。雅楠在战战兢兢中度过了前三个月的孕早期，怀着各种担心走过了"大排畸"，直到孩子出生后的半年，她仍然不时地做噩梦，梦见因为自己的疏漏而导致孩子的种种问题。事实上，这是一个无比健康的孩子。

面对意外怀孕，你需要知道"0和1法则"。

"0和1法则"是自然选择在怀孕初期的体现，含义是：在孕早期（0—3个月），如果胎儿质量不佳，有任何不可逆的畸形或者先天疾病，不适宜出生，则极大概率会自然流产，通过自然淘汰的方式中断妊娠。换句话说，虽然准妈妈破了很多"戒"，但只要胎儿平安地度过了前三个月，则可以大概率认为，子宫里的宝宝并没有受到诸如酒精、处方药、运动等的影响，可以健康地存活下去。

另外，虽然你对怀孕还一无所知，但庇护宝宝的血脑屏障和胎盘屏障已经及时启动了保护程序，为受精卵的发育保驾护航。血脑屏障能防护病原菌进入宝宝的脑部，庇护胎儿在孕早期最关键的大脑发育。在胎盘内，母体与胎儿的血液循环是两套完全相互独立的体系，虽然妈妈的血和胎儿的血都流经胎盘，同时又进行选择性的物质交换，但二者始终不相混合，之间有一层极薄的膜，被称为胎盘膜，这套系统就是胎盘屏障。胎盘屏障能阻止母体血液中的大分子物质进入胎儿体内。

至于一些所谓物理性的"干扰"，例如运动和性生活，对前三个月里黄豆般大小的胎儿来说，更是可以忽略不计的。因为在子宫壁和腹部的层层包裹之下，受精卵受到物理性伤害的可能性极低。只要没有流产，就说明受精卵着床顺利，可以大踏步进入到自然生理的下一个阶段了。

　　了解"0和1法则"对于很多计划外怀孕的准妈妈来说，是缓解焦虑的最佳解药。这么说吧，前三个月的孕早期，胎儿确实面临很多不确定风险，但这个时候的担心，并不能给他带来任何其他的保护。在度过了前三个月的"危险期"之后，准妈妈就大可不必再担忧因为无知无畏而犯下的"过错"了，因为事实说明了胎儿已经成功跨越了自然选择的优胜劣汰，开始向一个健康的宝贝稳定成长。

　　当然，意外怀孕使得准妈妈错过了体检和注射疫苗的黄金时间，但一些补救性计划还是可以跟上的，比如及时补充叶酸，停止节食，规律作息，做好之后的生活和工作计划等。

　　此外，意外怀孕之后首先必须要做的事情是要去医院的妇产科进行第一次医学检查，B超以及验血不仅能帮助你进一步确认怀孕的消息，还能告诉你包括黄体酮指标等在内一些孕早期的关键数据。

　　总之，在心理上尽快适应怀孕的事实，抛掉无用的自责，和丈夫一起做好未来的规划，才是准妈妈此时最应该做的事情。

孕育之外的目标

孕育是人生中难得的一次"大休假"，怀孕期间你有充足的理由减少工作，而生产之后，还有长长的产假帮助你恢复到良好的状态重返职场。是的，这是一段难能可贵的，可以慢慢走的时光，一段可以随心所欲的日子。虽然在想象中我们因为孕育而有了大把的时间盈余，但这种美好的想象也很快会被日复一日的无聊和琐碎的育儿工作打消。这正是为什么很多产妇在产假尚未过半时，就开始怀念能一身轻松去上班的日子了，哪怕之前并没有多么热爱自己的工作。

煲剧、刷手机、玩游戏……这是大部分孕产妇填满碎片化时间的方法。但这些被动娱乐的项目并不能给我们带来真正的快乐，突然间丧失职业目标和规律的工作节奏，会让我们陷入一种无聊和迷茫交织的烦躁中，整天忙忙叨叨的，却好像什么也没做。而将注意力过度投放在新生儿上，也容易带来关心则乱的副作用，比如，过度忧虑和频繁焦虑。

虽然在产前很多人都忠告我："生完你就没有自己的时间了""生完孩子你会特别的忙"。我自己的经验却是，只要有合理的规划和清晰的逻辑，无论是孕期还是产后，牵扯精力的事情并没有那么多。你大可以利用这段时间，给自己设定一些全新的、不同于往常的目标，着手一些可能你一直想要做，却找不到时间和机会去实践的事情。

比如：学一门新的语言、进修自己的专业、尝试了解一个感兴趣的领域、阅读一些好书、练习写作，等等。同时，为了让生产之后也有"期待感"，你还可以不断地补充自己的"产后目标"，包括瘦身、换发型、重新规划自己的职业生涯，等等。喏，你们现在读到的这本书，正是我在产后育儿之外的目标，写作让我四个月的产假变得充实、紧凑、心绪稳定，极大降低了心理上负能量的积累，获得了一种上升感。

"一流父母做榜样，二流父母做教练，三流父母做保姆"，别因为生了孩子，就忘记了做自己。不要抛弃自己的目标，这对于来到你身边的婴儿来说也是一种鼓励，当他意识到自己并不是妈妈的全部，而妈妈在哺育自己的过程中，仍然不断地在追求自我实现，你也就成了他人生中勤奋的榜样。

　　现在，你准备好了吗？

种子的土壤：父母对孩子的影响延伸至子宫内

· · · · ·

　　在决定我们一生中的心理和生理表现方面，子宫内的条件对人一生健康状况的编译作用与基因同等重要，假如不是更重要的话。了解子宫内的生活质量可以编译未来人生的机制，提高我们的能动性，使得我们可以通过积极的行动，提高孩子的生命起点，乃至孩子的孩子的生命起点。

孕产期是情绪大考

孕产期无疑是对我们情绪状态的一次大考。

"暴力"是小唐的丈夫形容怀孕的小唐时用得最多的词，"那个时候吵架动不动就会升级为战争啊，而且都是破坏力极强的战争"。如今，孩子快满十个月了，小唐的丈夫再说起孕期的妻子，有了一种风雨过后的轻松。

他接着说："对了，还离家出走过一次呢，然后微信把我拉黑，感觉像没长大的孩子，但是火力又特别猛，很难招架呢。"

身边的小唐笑而不语，偶尔瞪大眼睛来一句，"是吗？那时候我那样儿？"像是在听一个陌生人的故事。

怀孕会让我们体内的孕激素和雌激素迅速增加，而生产又让这些激素水平从一个高点在极短时间内退回到低点，这种过山车一样的激素大跳表，让我们的情绪非常容易失控，做出一些在事后令自己都哭笑不得的事情来。

"那时候听到《小苹果》都会哭，也不知道是为什么？"这是一位刚刚生产之后的妈妈跟我回忆她的孕期情形。而我自己，也是在孕期里动不动就看着电影哭湿了衣襟。"孕期的妈妈看电影应该带上口水巾吧！"我们相互揶揄，大笑不止。

孕妇的情绪容易忽高忽低，负能量往往来势迅猛。还记得，我怀孕的时候好几次大半夜时找碴儿跟老公吵架，揪着细枝末节不放，各种吹毛求疵，又哭又闹，直到闹累了、哭够了才沉沉地睡去。第二天醒来，我再回想起前一晚的失态，觉得自己很傻。

沉浸在情绪里无法自控，一点点情绪也能释放出巨大的能量，是不少孕期妈妈们都有的经验。

孕期的情绪问题尚且是线性的，随着孕周数的不断增加，对情绪的影响会在潜移默化中缓慢叠加。产后的情绪问题就是由激素的"非线性变化"导致的，更剧烈，也更普遍。

在《我战胜了抑郁症》一书中，作者格雷姆·考恩写道："孕产阶段女性体内激素的大跳表，如果放在男性身上，可能很多男人都会受不了自杀了。"在我调研的几十位新妈妈当中，在宝宝满百天以内爆发过具有史无前例破坏性家庭战争的，占到80%以上，有不少新妈妈在月子里甚至会萌生出离婚的念头。这些刚刚迈过了生产大关的新妈妈们，正面临着日常情绪和生活状态在成年之后的最低谷。

新生物学——物质的传递

"怀孕的时候要保持心情愉快哦"，这是不少朋友们都会对孕妇送上的亲切叮咛。

然而，怀孕和情绪之间的关系究竟是怎么样的？却很少有人能真的说清楚，不少电视剧中会描绘特别有戏剧性的情节——怀着胎儿的妇女受到了某种精神刺激或是重度打击，即刻腹痛难忍，医生赶来抢救，最终差一点或是真的失去了孩子。这种情形在现实中，并不是不可能发生的。我们都知道，多巴胺的分泌会让我们感到快乐，但是剧烈的负面情绪发生时，我们的身体又会发生哪些变化呢？

美国新生物学的领军人物布鲁斯·利普顿（Bruce Lipton）所著的《信念的力量》，给积极的情绪与孕期安全之间做出了科学解释。作为一个新生物学的拥护者，布鲁斯借由细胞分子层面的研究，对"基因决定论"提出了强有力的质疑。

被普遍接受的"基因决定论"是生物学的中心法则。这种理论认为，基因控制着生命，在DNA的密码里，早早编码了我们头发的颜色、我们的智商，规定了我们的生命如何呈现。换句话说，我们将成为怎样的我们，基因起到了决定性的作用。而布鲁斯通过研究却提出：基因虽然已经写好，却并不是"自我管理"的。也就是说，基因不具有控制自己的能力，不能决定自己是不是要开启或者关闭，只有在一定环境中的某种因子的触发之下，基因才得以表达。

说到底，基因只是细胞、组织和器官构造的分子蓝图，而细胞的生命，其实是由它所在的物质环境和能量环境所控制的。新生物学家的一系列研究告诉我们：生命特征并不是由我们的基因决定的，生命的特征取决于基因对影响生命的环境信号的反应。

一个最简单的例子是，同样带有疾病基因的两个人并不都会爆发相关疾病，例如单基因遗传病糖尿病、心脏病、癌症等，带有疾病基因的人只有在环境因素的触发下，被激活了疾病基因，才会得病。其中，不乏有人虽然也带有疾病基因，却因为拥有良好的生活方式，终其一生都没有激活体内的疾病基因。

"虽然我有家族糖尿病史，但我并没有糖尿病"，这种情况并不是基因突变的结果。事实上，仅有5%的癌症病人和心血管疾病的病人，可以将他们的病因归咎于遗传；95%的乳腺癌患者，并非因为遗传基因而发病，关键致病因素是环境诱发的改变。

在新生物学中，这种效应被称为"后生性机制"。

大家都知道基因①存在于DNA中，而"后生性机制"的主角是覆盖在DNA之上的一系列蛋白质。DNA和其上的蛋白质就像是光胳膊和袖子的关系，比如你的DNA编码是黄色头发的基因，但在细胞核中，这段DNA被缠绕其上的调节蛋白覆盖，就像是袖子盖着光胳膊一样，当蛋白紧密缠绕时，光胳膊上的黄色基因无法被读取，因而也无法表达。只有当环境信号出来刺激"袖子"蛋白改变形状，基因才能被读取。

我们的基因组比我们想象的要不稳定得多，对环境的反应也更加灵敏。有研究显示，信息还可以通过DNA碱基序列以外的方式来传送给后代。这种影响链和"后生性机制"意味着，当宝宝在妈妈肚子里的时候，虽然他的基因已经既定了，但基因的表达，仍然在时时刻刻受到子宫内环境的综合影响。

---

① 基因：是生物体内遗传物质，广泛存在于DNA（脱氧核糖核酸），少部分存在于RNA中。

在《胎儿的秘密生活》中，作者提出："父母的影响甚至延伸至子宫内。"在《腹中岁月：健康和疾病的起源》中，作者彼特·纳萨尼尔兹博士写道："子宫是我们出生前临时的家，我们在子宫内的生活质量，编译了我们对冠状动脉疾病、中风、糖尿病、肥胖以及大量未来可能遇到的疾病的敏感度。"越来越多成年人的慢性疾病，包括骨质疏松、情绪障碍和精神病，都被发现与在母体内孕期和围产期的发育有着密切的关系。

母体在妊娠期遭受应激——由危险的或出乎意料的外界情况的变化所引起的一种情绪状态，比如压力、焦虑、恐惧、悲伤、挫败感等，不仅会让母亲的脑垂体分泌出肾上腺皮质激素，使身体处于应付紧急情况的状态，也会使心率、血压、体温、肌肉紧张度、代谢水平等都发生显著变化，其后代也更容易产生情感和认知问题。母亲的妊娠期应激反应不仅会影响新生儿的神经行为发育，还会产生相当长久的效应，甚至延续到孩子成年。

有研究显示，妊娠期应激增加了孕妇皮质酮的生成，从而影响到胎儿的大脑发育，导致孩子对应激事件反应时的行为和内分泌的改变。对啮齿类动物的研究表明，妊娠期应激与孩子生理和行为的改变之间存在明确的相关，比如妊娠应激会诱发孩子的焦虑和抑郁行为增强。如果在孕晚期准妈妈经历了非常强烈的情绪反应，会导致孩子成年后焦虑和抑郁的可能性增加。

准妈妈所处的生活状态和心理环境，能极大程度影响正在子宫里茁壮发育着的胎儿，这种影响并不简单是"心情好对孩子好"这种听上去略显主观的论调，而是非常科学地表现在细胞层面。

当准妈妈处在一种压力状态下，身体的内在膜蛋白与压力环境信号相互作用，驱动细胞，使得部分机能和代谢被抑制，进一步影响体内许多化学信号的传送过程，比如生长因子和激素的分泌受限，神经传递素的传输速度等。这些物理信号的传送将影响胎儿生长的细胞分裂，甚至是基因表达。

婴儿在出生之前就能对妈妈察觉到的环境情况做出回应，这种回应能力使他们能快速调整自己，以最优化的基因形式来指导生理发育。生命之间的信号传递比我们想象的还要复杂，比起原生家庭情况，子宫的情况更加重要。

细胞生物学家利普顿已经证明：从环境发出的信号能够通过细胞膜控制细胞的行为与生理机能，进而激活或抑制某个基因。这就是说，母亲对他人害怕、愤怒、希望、关爱等情绪与情感，会从生化特征上改变胚胎的基因表达。

在怀孕期间，母体在给胎儿输送营养物质的同时，也会带去由其情绪产生的激素和化学信号，这些信号会激活出细胞中特定的受体蛋白质，从而触发大量的生理代谢及行为变化。这种变化不仅出现在母亲体内，也发生在胎儿的身上。

也就是说，孕妈妈对宝宝传递的不仅是营养，还传递很多跟情绪反应有关的化学信号。一个婴儿的情绪状态，常常也映射出母亲的情绪状态。孩子的世界尚没有纷扰，那些莫名就大哭不止、性情暴躁、难以安抚的小朋友，实则是在延续并释放来自妈妈身上的某种情绪负担。

"9·11"事件之后，生物和心理学家们对很多经历了这场浩劫的孕妇进行了研究，一些孕妇因此出现了PTSD（创伤后应激障碍）的状况。科学家对所有这些有PTSD和没有PTSD的妈妈生出的胎儿进行了DNA的对比，发现在两个群体之间，有十六种基因表达都是不一样的。这表现在生理方面就是，那些在妈妈肚子里经历了PTSD的孩子们，皮质醇水平普遍都很低。

纳萨尼尔兹写道："越来越多的证据表明，在决定我们一生中的心理和生理表现方面，子宫内条件对人一生健康状况的编译作用与基因同等重要，假如不是更重要的话。与基因宿命论相反，了解子宫内生活质量可以编译未来人生的机制，提高了我们的能动性，使得我们可以通过积极的行动，提高孩子的生命起点，乃至孩子的孩子的生命起点。"

量子力学——能量的流动

生长因子、激素、荷尔蒙、组织胺、神经传递素……这些有名称有来源的生物化学信号，是可以在实验室里被人们检测到，可以量化的。另外一种性质的信号则更加隐蔽也更加强大，那就是——能量信号。

与化学信号从A到B再到C的线性影响链不同，能量信号的传递和作用是复杂的，用量子物理语言来讲，叫做"量子纠缠"。可这跟怀孕有什么关系呢？别着急，让我慢慢来讲，将量子力学的理论套用在孕产这件事上，可以解释为：孕妈妈和胎儿之间不仅仅有物质和环境的交互，更有能量的相互作用。当孕妈妈持续处在一种压力之下，可能影响的就不单单是一些体内激素的分泌、代谢的改变，而是表现为能量的相互影响。

　　我最初接触到用量子物理的基本理论来解释身体能量的机会，是在一次非常偶然的心理学沙龙上。那还是在北京大学读研究生期间，出于对于心理学的好奇和兴趣，我加入了一个心理学读书会。

　　春天里的一个周末，在一个大概三四十平方米的阳光屋中，参加沙龙的十几个人席地而坐，等待主讲人带来他非同寻常的体悟。那次的分享者同样来自北京大学，在北大获得物理学硕士学位后，他创办了自己的公司，成为一家母婴用品企业的董事长。在那次分享会上，我第一次接触到了下面这张霍金斯能量图。

　　物理系的学长从量子物理的基础理论出发，跟我们分享了美国著名医生戴维·霍金斯（David Hawkins）博士的情绪能量理论。

　　这位在美国颇负盛名的医生医治过来自世界各地的很多病人，在多年的从医经验中，他积累了上百万组的数据。经过缜密的分析和研究，他提出：人的生命活力会随着意识（精神状况）的不同而有所起伏，可以把人类的精神状况对应的能量强弱映射为1—1000的读数，频率标度200是一个人正负能量的分界点。当人的意识能级由于内在情绪降到200以下，他就开始丧失生命能量，变得更加脆弱，生命因此缺乏活力和动力，而长期的负面意念会带来身体病痛，我们所有的疾病都与意念有关。

　　这一概念的核心正是量子力学在人体健康和生命活力方面最简

能量层级（正）

700—1000	开悟	人类意识进化的顶峰，无我
600	平和	感官关闭，通灵状态
540	喜悦	慈悲，持久的乐观，奇迹
500	爱	聚焦生活的美好，真正的幸福
400	明智	科学医学概念系统的创造者
350	宽容	对判断对错不感兴趣
310	主动	全然敞开，成长迅速，易于成功
250	淡定	灵活有安全感
200	勇气	有能力把握机会
175	骄傲	自我膨胀
150	愤怒	侵蚀心灵
125	欲望	贪婪
100	恐惧	妨害个性成长
75	悲伤	失落悲痛
50	冷淡	世界看起来没有希望
30	内疚	自责、受虐狂
20	羞愧	严重摧残身心健康

能量层级（负）

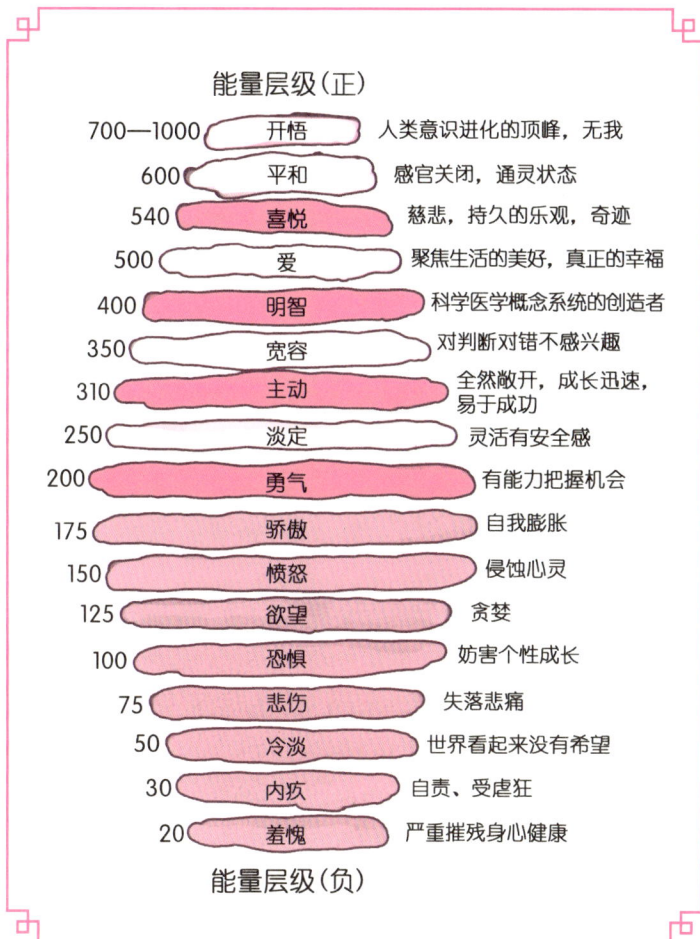

霍金斯能量图

单的体现。这种理论后来发展成了一个专门的学科，叫作情绪能量学。随着时间的积累，科学家们进行了越来越多成熟的研究，他们发现：负面情绪能量具有低频特性，正面情绪能量具有高频特性，而情绪的调节过程，就是将低频的情绪能量调整到高频的情绪能量过程。

情绪和身体疾病的关系在美国著名心理咨询专家露易丝·海（Louise L. Hay）的畅销书《生命的重建》中也被作为主要理论反复论证。她提出，"身体就像生活中其他的东西一样，是你内在思想和信念的反映""所有身体的不适都来自不宽容，当我们感觉到不舒服时，我们需要在心里默默地搜寻一下，看看谁需要被宽容"。

在另一部影响了无数人的著作《秘密》（Secret）中，澳大利亚作者朗达·拜恩（Rhonda Byrne）更是用意念的能量来解释生命的终极秘密。这些理论和作者来自不同的国家，却殊途同归，阐释着同一件事情。那就是：我们的意念是一种能量，情绪的变化就是能量的流动，而这种能量决定了我们的生命质量。

在怀孕阶段，我们的身体处在怎样的能量状态里，我们腹中的宝宝，也就处在什么样的能量状态里。这就很好地解释了，为什么很多准妈妈会说，腹中的宝宝好像"懂事儿"似的。每当妈妈经历巨大的情绪波动，腹中胎儿也会呈现出一些可见的变化，比如增加胎动或减少胎动，胎心的变化，等等。没有谁比肚子里的孩子更知道，他们的妈妈此刻是开心还是悲伤，放松还是紧张。

其实，在博大精深的中医学里，我们也能找到相应的、关于能量的证据：针灸、拔罐正是通过"穴位"的精巧列阵来标注人体的各种能量通路。最直观的例子，当一个人春风得意时，我们会形容他红光满面，他自己也觉得浑身暖融融的；而当一个人被孤立、长期背负巨大压力，他就容易患上器质性的疾病。这些不一而足的证据，都昭示着情绪、能量的变化对生命力产生的深刻影响。

情绪的次生遗传

出生后的宝宝，仍然在受到他最最亲近的人——妈妈的情绪的时刻影响。

正如霍金斯能量图所显示的那样，情绪的能量有正负之分，这种能量是我们在身体中和身体周围都能感受到的。一些人有幸接触过得道高僧，在那些真正悟道的僧人身边，他们会感受到巨大的内心宁静，像是有股暖流缓缓淌入心里。相反，当我们跟脾气很坏、负能量很重的人在一起，我们的情绪也会感觉到莫名烦躁，这正是能量场在人与人之间的作用。在日常生活中，我们会说"这个人特别正能量""远离负能量的人"等，正是能量理论的具体体现。

亲密的一家人之间，除了可见的语言、肢体动作的交流，更多的是靠能量的相互作用在互动。正如多年生活在一起的夫妇会生出

"夫妻相"来，能量层面的趋同更是时时刻刻都在发生。婴儿的能量场非常开放，还不具备分辨和取舍的能力，会更加容易受到大人的影响。相信很多哺乳期的妈妈都有这样的体会，从还是嗷嗷待哺的婴儿时期开始，母亲的情绪就以能量的方式影响着婴儿：生气的时候哺乳会让宝宝烦躁，焦虑的时候宝宝也会感到不安。这就是无形的能量传递。

次生情绪①的影响力能有多大呢？答案是：大到常常能超过原生情绪。

你一定看过那些成功人士收养少数族裔孩子的故事，还有那些中国二三线城市的孤儿被欧美的养父母收养的故事吧。这些孩子往往能在后天习得他们养父母的处事方式，在性格上、气场上都愈加趋同养父母。这些孩子习得的次生情绪系统，远远超过了原生情绪对他们的影响，就像是更改了自己的遗传基因一样。

当然，也不乏一些具备了坚忍意志的人士，虽然在孩童时期没有建立起良好的情绪体系，却能在成年之后，打破旧的"自己"，借助持续的学习，最终也建立起内心宁静而充实的幸福人生。但我

---

① 次生情绪：心理学名词，指反应性情绪，即个体遭受挫折而引起的防御和攻击反应。次生情绪会掩盖原生的适应性情绪，对一个人的人生产生深远的影响。

们都知道，一开始给予孩子正确的情绪模板，让他们自小养成良好的情绪管理习惯，远远比在不断成长的过程中去经历内心煎熬，再苦苦地改变要容易得多。对于还没有分辨能力的孩子来说，没有什么能比得上一个情绪稳定的妈妈能对他的一生产生更棒和更持久的影响。好的情绪系统还能让孩子增强抗挫折能力，在未来的亲密关系中更好地与爱人相连接，这无疑是一个孩子一生幸福的开始。

以上，不论是在物质层面的新生物学，还是能量层面的量子理论，都告诉我们：新妈妈的情绪起伏，在怀孕时通过子宫内的环境影响胚胎发育，在生产之后，聪明的小家伙仍然对妈妈的情绪感知极其敏感，所以，这种影响几乎无法避免。

怀孕的十个月时光，以及生产之后的半年，是我们一生中最需要内心平静、全面放松、将所有不好的想法拒之门外的阶段。"为母则强"其实是要求我们做一个胸有成竹、处理事情游刃有余的妈妈，需要我们发自内心的快乐，将源源不断的能量传递给家庭和这个崭新的生命。因为作为妈妈，我们构成了小家伙最主要的外部环境，我们的责任和使命不允许我们软弱和懈怠。

怀孕最棒的状态：当做没有怀孕

· · · · ·

　　"当做没有怀孕"，很像是思想上的高屋建瓴，其背后是强大的自信心和掌控力做雄厚的基础。只有对未来发生的事情有十足把握的人，才能够云淡风轻地看待眼前的细节。

情绪是真的吗？

女性是最相信"感觉"的动物，那么，又是什么决定了我们的"感觉"呢？其实，"感觉"通常是原始的、未经斟酌的、未经教育的，本质上并不可靠。情绪从"感觉"里生出，那么，情绪是真的吗？要分析情绪的真假，就得追溯情绪是如何形成的，情绪的本质是什么。

在认知层面，情绪产生的通路可以用"ABC法则"来呈现。"ABC法则"是对我们大脑处理事件的运算过程的一种简化，A是事件，本身是客观的、中立的；B指解释风格，是对事件的认知；C指情绪。这个法则可以具体描述为：任何事情的发生都是中立的，是我们的大脑通过认知过程来解释事件，由于每个人的解释风格不同，就会给事情贴上不同的标签，基于这些标签，我们便会产生一系列的情绪和行为反应。简单来说，对于客观发生的事件，我们的大脑会自动给它"编故事"，而编的故事并不是事件本身，只是对事件带有个人感情的一种演绎。

来看这个例子：小桔刚刚生完宝宝一个多月，正在家休产假带小孩。这天，小桔的丈夫下班回家，却没有像往常一样跟小桔聊几句家常，逗逗孩子，而是只到卧室看了一眼宝宝，便去客厅的沙发里窝着玩手机，直到很晚才上床睡觉。小桔在卧室里纳闷儿，对于丈夫略显反常的表现，她将做出自己的反应。

下面我们用"ABC法则"来分析一下：

A事件（中立）：丈夫情绪差、没有夫妻互动

B解释风格：对事件的认知

B1：（负面）男人果然是这样，结了婚生了孩子就跟老婆没话讲了。

B2：（中立）日子就是有好有坏，今天没那么热情也正常，也许明天就好了。

B3：（正面）他今天大概是工作不顺心情不好了，最近确实压力有点大，我是不是需要关心一下？

C情绪

C1：失落、沮丧、孤独、气愤。

C2：平静、不在意。

C3：关心、理解、主动。

看到没？在不同的认知（B过程）之上，会带来截然不同的情绪反应，而不同的情绪则会左右我们接下来的行为——感觉到失落的小桔可能会陷入自怨自艾或者是埋怨丈夫，甚至爆发一场家庭纷争；而关心丈夫究竟为何心情不好的小桔，则更有可能主动询问，展开一次和丈夫之间的有益互动。

看到这里，也许有人会说，"事情不都是中立的啊，有些事情就是让人很生气，或者对我构成了伤害"，那我们可能需要重新回顾一下塞翁失马的故事和蝴蝶效应了。

事实上，事情中立性的实质在于：我们无法简单站在一个时点来判断一件事情对我们的人生而言究竟是利大于弊还是弊大于利。这方面的例子不胜枚举。

不同的人对待同样的事件也往往可以因为认知的差异，最终带来内心体验和外在行为的根本性不同。

至此，我们知道了，情绪本质上来自认知。

在这个过程中，"解释风格"在认知过程里起到了关键作用。"解释风格"是一整套看待世界的方式，它是一个信念体系。人与人之间的信念体系差异相当巨大，它决定了我们如何表达快乐，如何发泄愤怒，在受到不公正对待时我们如何处置，等等。

在原生家庭中，孩子通过模仿学习大人的认知方式（B步骤），习得大部分的"次生情绪"（C步骤）。这套模式一旦建立，便难以动摇，成为我们潜意识里处理外部事件的一种惯性和本能。例如，有需要的时候是通过哭闹来达成目的，还是通过好好表现赢得奖励，这极大程度上来自父母最初的做法，因为做的永远比说的更令人信服，而孩子在模仿方面的天赋总是超乎我们的想象。

以上，我们明白了"情绪"本身并不是真的，它只是对于我们的认知（或是解释）而衍生出的一系列情感表达。既然如此，我们就可以通过升级我们的"认知"，采取有效的情绪管理，来减少对事情的"灾难性诠释"，从而避免"产后抑郁"的发生，这对于新妈妈们来说意义深重。

顽固的解释风格

"ABC法则"是根植于我们的心中的，大脑处理信息的最基本模型。我们由此知道了是"B—解释风格"决定了大脑如何处置一条客观信息，也许你会觉得，ok，那我改变我的B部分，凡事都往好的方向去想不就得了？听上去似乎是那么回事，但现实往往比我们以为的要复杂一些。

解释风格是非常难于改变的，原因来自两个方面：

第一，人类是趋向于悲观的。

人类的内心是趋向于悲观的这件事，其实非常好理解。在远古年代，乐观的远古人甲每天都心花怒放，秋天来了，树上的果子正成批的成熟，食物很充足，气温正好，一切看上去既美好又安全。

悲观的远古人乙则成天忧心忡忡，需要他担心的事情太多了，虽然眼下果子挺多，但冬天马上要来了，没吃没喝的日子是很难熬的。过去几年已经让他积累了关于季节的经验，他在山洞里温度最低的地方贮存了不少尚未成熟、可以保存一段时间的果子，这是为严冬预备的。另外，他还担心猛兽的围攻，尽管这种恐怖的事情已经有一段日子没有发生了，但并不意味着凶恶的动物永远不再来。他的山洞外不远处就有几棵便于攀爬的大树，这是他特意观察过的，用来在危险到来的时候顺利避难。还有地震和火山，虽然他没有亲眼见过，但老一辈们的讲述也令他毛骨悚然。"让整个世界都燃烧起来的天灾说不定哪一天还会回来呢？"他这么想着，不由得又加固了一下自己已经很坚固的山洞洞口。但为了可能的匮乏和危险，他的准备似乎还远远不够。

那么，在危险真正来临的时候，是谁能幸存并留下自己的后代呢？一定是那些时时刻刻都感受到危险将近的远古人乙，因为脑中的焦虑和警觉，他们会提前做好准备，躲进山洞，最终安全存活下来，并繁衍下自己的后代。

对环境更警觉，把事情想得更坏，是这样谨慎小心的祖先们代代繁衍，才有了如今的我们。这使得悲观成为我们骨子里的天性，因为只有对于负面信息更敏感，我们才能活得"更安全"。由此，我们的基因里累积了从远古时代以来的"不安因子"，悲观也在我们的血脉里变得根深蒂固。然而，与几乎不变的基因相比，时间斗转星移、山河巨变，我们已经不再需要爬树来躲避猛兽了，大部分的人也不会在严冬来临时面临被饿死的危险，我们生活得更加富足、更加高效。

但具有讽刺意义的事情是，由于我们的生产机制更加高效了，人类得以获得了更多的自由时间，这些溢出的时间让我们的大脑变得更加活跃，也更会"胡思乱想"。由于并没有那么多真正的来自自然界的生存威胁，我们就把越来越多的注意力转移到很多假想的内部危险上。越是发达的国家，心理疾病越普遍越高发，这就是人类悲观天性的一种证明。

骨子里的"不安因子"，和更多的关注内心的时间，使得我们更倾向于使用悲观的认知系统来看待事情和看待自己。这些悲观和警觉的本能，让我们常常无法停止去排查自身的问题，工作、家庭、身体、朋友圈子……直到找到不对劲的地方。然后，它就像一块磁铁，将你的注意力吸在这个"不对劲"的地方，使你的精神长期被"问题"占领，很难感受到片刻放松。这就是为什么在"ABC法则"的B环节中，我们更倾向于做出不利于自己的判断的原因。

"做最坏的打算，尽最大的努力"，不正是这种悲观因子在当下社会的普遍演绎吗？遇见一件有可能出现负面影响的小事，就立即视作大难临头，不仅会让我们生活变得紧张兮兮，难以放松，还会加重我们悲观的惯性思维，让"往坏处想"的认知风格愈加坚固。

第二，悲观根植在我们的潜意识里。

也许有人会说："哪有，我从来都是乐天派，没心没肺呢！"当然，人群中真正乐观的人一定占有不小比例，但是不是声称自己乐观的人就没问题了呢？尤其是，你的潜意识也一样乐观吗？

人的意识是整体倾向于悲观的，这还不是最糟糕的事，更糟糕的是，这种悲观根植于我们的潜意识当中，每每在我们还没能动用理性之前，已经本能地选择了一种更加警觉的应激策略。

潜意识占据了我们大脑最大的份额，我们脑中95%以上的是潜意识，而只有不到5%是能被我们显见的"表意识"。心理学上常常用一驾马车来类比人大脑中的潜意识和表意识，表意识是我们可以明确感知到，并运用能动性去操作的意识，很像是拉着马车在前面跑的那匹马，而潜意识则是后边马车里坐着的车夫。我们的表意识总是以为，自己可以操控自己的生活，做出自由的选择，但实际上，面对具体问题，我们的大脑只是一部已经被写好了程序，按照程序自动运转的机器，就像表面看着是马拉着马车在跑，但控制一切的还是车子里手握缰绳的车夫。

我们还需要学习的一个新的关键词是：解释风格。解释风格是我们理解事情和分析事情的一整套逻辑。我们借由对事情的"解释"来完成认知过程，也可以这么说，在ABC法则中，解释风格决定了我们会采取什么样的B策略。

"解释风格"是我们意识中很重要的一部分，对照表意识和潜意识的关系，我们的解释风格也可以分成"表层解释风格"和"潜在解释风格"。

"表"和"潜"的关系很像是深海中的一座冰山，冰山90%的部分隐没在海面之下，那是伴随着我们的成长已经趋于定型的"潜在解释风格"，是在原生家庭、我们的父母以及年幼时的生活环境中，我们习得了大部分的解释风格，这些解释风格因为"先占原则"，大部分内化为伴随我们一生的信念。绝大多数人在走过了青春期之后，这部分意识就已经趋于稳定，之后再发生变化的几乎只是我们的"表层解释风格"了。"表层解释风格"是我们"表意识"中的一部分，可以被我们明显感知到，但这部分意识其实只是"冰山"露出海面的那一点点，无非是整个"冰山"庞大体积的10%。

表层解释风格

潜层解释风格

　　表层解释风格往往让我们以为，我们对日常生活的很多事做了自主的选择，但事实上，是潜层解释风格牢牢把握着大部分决策的方向。潜藏在"冰山"以下的潜意识，无时无刻不自动地在我们的大脑中占据主导。

　　当我刚刚开始接触积极心理学的时候，我如饥似渴地读了很多相关的研究和书籍，像是打开了新世界的大门，我确信自己整个人生即将经历一种巨变，然而读懂理论和真正让这些方法融入生活之间仍隔着十万八千里。因为我们的深埋在意识之下的潜层解释风格已根深蒂固，要想改变它们的结构，不仅要用对方法，还需要假以时日，就像我们不可能靠每天早晨起来照照镜子给自己打气，就能拥有真正的自信一样。

需要格外注意的是，孩子的解释风格极大程度上来自父母，一对常常抱怨社会的父母也会有相同抱怨性格的孩子，一个常常自怨自艾的妈妈往往就会有一个惯于自责的宝宝。你在孩子的心中种下何种种子，它们将来就会开出相应的花朵，解释风格在方方面面都将稳定地被遗传下去。

只有当我们通过行为改变了信念，当我们真正撼动了我们骨子里的悲观，我们才会感觉到一种轻松，一种能量感，对于未知你不再恐慌，面对怀孕和生产这件事，拥有一种安然。

怀孕，让我们成了编故事能手

你看过即将生产的猫咪吗？或是带着一群小鸭子正散步的鸭妈妈？她们眼神里的警觉、不安，和时刻准备用生命来保护自己孩子的决心，会令人类肃然起敬。

怀孕的哺乳动物需要更加安全的环境，对于"安全"的极度渴求，让孕产妇对身处的环境和潜在危险都变得异常敏感，神经像是装上了探照灯，时刻监视着那些可能影响怀孕安全的蛛丝马迹，并时刻准备着亮起红灯。

在怀孕时期，我们预知危险的能力和对不安状况的感知，都会成倍增长。敏锐的神经会让我们的想象力变得异常活跃，而这些想象力往往又总是在想那些不好的事情。很多准妈妈会发现，自己的脑袋似乎越来越不受控制，"编故事"的能力日渐增长，有些紧张哪怕明知道不可理喻却仍然没办法放下。

有一个案例是我印象最深刻的。一位怀胎七个月的准妈妈在丈夫的陪伴下去离家不远的商场里遛弯儿，发现商场里新开了家品牌家居饰品店，于是兴高采烈地走了进去。没走几步，她闻到一股浓烈的香气，这香气让她立马感到了不对劲儿。她皱起眉头望向丈夫，表情从质疑很快转变成了愤怒，旋即快步走了出来。

回到家里的这顿午饭，她食不知味，脑子里盘桓着刚刚闻到的浓烈气味，心里越想越害怕，她开始不停地问丈夫这个香气会不会有毒，会不会让腹中的胎儿发育不良。丈夫虽然一直耐心安慰，反复让她宽心，可她不受控制的想象力早已经开始上演生产的艰难，甚至脑补出不健康的宝宝。她越说越想，越想越焦虑，后来情绪就完全失控了。

她要求丈夫下楼再去这家店，交代他一定要问清楚店员是什么香氛的香味，都有什么成分，重点是含不含有麝香。丈夫无奈出门，干脆买了一瓶回来让她看清楚成分，哪知她怒气更盛，恨不能把香水和丈夫一起扔出家门。

我还认识一位孕妇，在和丈夫结婚纪念日那天挺着大肚子出门吃西餐，却因为吃了一口七分熟的牛排而耿耿于怀，一整个星期，她就是放不下自己的担忧，害怕那半生的牛肉里的寄生虫会带来恐怖的结果。

怀孕会让我们的焦虑变得不可理喻，让我们内在的情绪超出了对现实危险应有的反应程度。以下是一些在孕期常见的不合理的焦虑，尽管在阅读的时候你会感到很夸张，但别笑，很多孕产妇在心里编的故事，可能比这个还要夸张好多倍：

1.家里卧室墙壁上好好挂了两年多的空调，孕妈妈开始越来越担心它在某天傍晚会螺丝松动了掉下来，砸中自己的肚子。

2.丈夫稍有怠慢，比如微信晚回复了几十分钟，晚回家了一小会儿，出去社交没告诉自己跟谁一起等，统统都是孕期出轨的证据。

3.担心食物、气味、动作等一切会伤害胎儿的诱因，脑补很多不健康宝宝的画面，自己吓自己。

本文后面附有华裔教授Zung编制的焦虑自评量表，这是目前临床上常用的了解焦虑程度的量表，可以用来检验孕产妇是不是正处在焦虑当中。阅读本书的准妈妈们，不妨测一测，以便了解自己的心理状况。

测量焦虑是为了让我们了解自己的焦虑水平，并在有需要的情形下花些心思去化解过高的焦虑。记住，孕产期最常发生的事情是：自己在"编故事"而不是事实本身，引发了我们大部分的焦虑。所以，在我们陷入某个自己想象的恐怖故事中无法自拔时，要学会告诉自己这是故事而非事实。这种意识抽离本身，已经可以极大程度的缓解我们的不良情绪。

但是，要最大程度地降低我们"编故事"的本能，我们需要做的是，一开始就在战略上藐视"敌人"，怀孕时最好的状态是什么呢？那便是当做没有怀孕。

附表：焦虑自评量表

请仔细阅读下面每个题目，选出最能代表你目前感受的选项。

1.我觉得怀孕之后比平常更容易紧张或着急。

A.没有或很少有（1分）　　B.有时候有（2分）

C.大部分时间有（3分）　　D.绝大部分时间有（4分）

2.我会无缘无故地感到害怕。

A.没有或很少有（1分）　　B.有时候有（2分）

C.大部分时间有（3分）　　D.绝大部分时间有（4分）

3.我容易心烦意乱或是觉得惊恐。

A.没有或很少有（1分）　　B.有时候有（2分）

C.大部分时间有（3分）　　D.绝大部分时间有（4分）

4.我觉得我可能将要发疯。

A.没有或很少有（1分）　　B.有时候有（2分）

C.大部分时间有（3分）　　D.绝大部分时间有（4分）

5.我觉得一切都很好，不会发生什么不幸。

A.没有或很少有（4分）　　　　B.有时候有（3分）

C.大部分时间有（2分）　　　　D.绝大部分时间有（1分）

6.我手脚发抖打战。

A.没有或很少有（1分）　　　　B.有时候有（2分）

C.大部分时间有（3分）　　　　D.绝大部分时间有（4分）

7.我因为头疼、颈肩疼和背痛而苦恼。

A.没有或很少有（1分）　　　　B.有时候有（2分）

C.大部分时间有（3分）　　　　D.绝大部分时间有（4分）

8.我感觉容易衰弱和疲乏。

A.没有或很少有（1分）　　　　B.有时候有（2分）

C.大部分时间有（3分）　　　　D.绝大部分时间有（4分）

9.我感到心平气和，并且很容易安静地待着。

A.没有或很少有（4分）　　　　B.有时候有（3分）

C.大部分时间有（2分）　　　　D.绝大部分时间有（1分）

10.我觉得心跳得很快。

A.没有或很少有（1分）　　　　B.有时候有（2分）

C.大部分时间有（3分）　　　　D.绝大部分时间有（4分）

11.我因为一阵阵的头晕而苦恼。

A.没有或很少有（1分）　　B.有时候有（2分）

C.大部分时间有（3分）　　D.绝大部分时间有（4分）

12.我有时候感到自己似乎要晕倒。

A.没有或很少有（1分）　　B.有时候有（2分）

C.大部分时间有（3分）　　D.绝大部分时间有（4分）

13.我吸气呼气都感到很容易。

A.没有或很少有（4分）　　B.有时候有（3分）

C.大部分时间有（2分）　　D.绝大部分时间有（1分）

14.我感到手脚麻木和刺痛。

A.没有或很少有（1分）　　B.有时候有（2分）

C.大部分时间有（3分）　　D.绝大部分时间有（4分）

15.我因为胃疼和消化不良而苦恼。

A.没有或很少有（1分）　　B.有时候有（2分）

C.大部分时间有（3分）　　D.绝大部分时间有（4分）

16.我有些尿频。

A.没有或很少有（1分）　　B.有时候有（2分）

C.大部分时间有（3分）　　D.绝大部分时间有（4分）

17.我的手脚常常是干燥温暖的。

A.没有或很少有（4分）　　　B.有时候有（3分）

C.大部分时间有（2分）　　　D.绝大部分时间有（1分）

18.我脸红发热。

A.没有或很少有（1分）　　　B.有时候有（2分）

C.大部分时间有（3分）　　　D.绝大部分时间有（4分）

19.我容易入睡并且一夜睡得很好。

A.没有或很少有（4分）　　　B.有时候有（3分）

C.大部分时间有（2分）　　　D.绝大部分时间有（1分）

20.我做噩梦。

A.没有或很少有（1分）　　　B.有时候有（2分）

C.大部分时间有（3分）　　　D.绝大部分时间有（4分）

分数计算和评定：将20道题的分相加，得到粗分，用粗分乘以1.25后取整数部分，为标准分。其中，标准分为：

50—59分　轻度焦虑

60—69分　中度焦虑

70分以上　重度焦虑

怀孕最棒的状态：当做没有怀孕

我有一个艺术家好朋友，在怀孕九个月的时候，还一天在工作室里忙碌八九个小时。她的艺术创作属于装置类作品，体积巨大，调用的材料门类杂，数量多，即使工作室里有十几个工人一周无休地帮她，她也需要时刻确保作品按照图纸被严格的制作完成。除此之外，她还常常跑去各种二手市场和材料市场大规模采购，并时刻不能忘记敦促工人们的进度。

我去探望她的时候，她距离预产期还有不到3周的时间，但除了隆起的腹部，她的状态仍然是一个沉浸于创作的艺术家。她在工作室里来来回回地忙碌，虽然挺着大肚子，却丝毫没有孕妇的臃肿感，我略有担心地建议她："休息一下吧，就不怕宝宝太累吗？"她回给我一个灿烂的微笑说："其实我觉得最好的怀孕状态，就是当做没有怀孕。"

是啊，还有什么能比"当做没有怀孕"更好的状态吗？当你不因为怀孕对自己"搞特殊"，骨子里不安的基因就不会被激活，你就不会"关心则乱"。但"当做没有怀孕"这样的洒脱和强大，可不是一般人能够练就的。

英国有一位电视节目主持人，在直播节目的时候破了羊水，却还坚持着完成直播，下了节目才赶去医院。我们都知道网坛名将小威，在怀孕9周的时候还一举拿下了澳网冠军。这些状态超常的妈妈们，正是用她们内心的淡定从容、坚韧和勇气，铸就了这些传奇的妊娠期故事。

当然，说这些故事并不是鼓励大家都在孕期还去做一些有挑战性和有风险的事情。只是与那些怀孕之后就变得异常小心和娇气的孕妇相比，"当做没有怀孕"确实是我们怀孕时期，最能让自己放松心情和心理预设，同时也能最大限度地减少一些"不安基因"给我们带来的神经质。

"当做没有怀孕"，很像是思想上的高屋建瓴，其背后是强大的自信心和掌控力做基础。只有对未来发生的事情有十足把握的人，才能够云淡风轻地看待眼前的细节。

在怀孕过程中没有过度紧张、过度期待、过度特殊化，我们在产后罹患抑郁症的可能性就会大大降低。孕期的过度紧张、特殊对待，会让我们不自觉地将自己放在特殊的位置上，这样的心理预设对于妊娠来说是非常危险的。我们都知道，伴随孩子的诞生，所有的注意力都会转移到新生儿身上，对于新妈妈的关注自然会有所下降。新妈妈们如果在怀孕期间将自己的位置摆得太过特殊，就会在产后明显地感受到"被忽视""被遗忘""被敷衍"。

"别太拿自己当回事儿，也别太拿怀孕当回事儿，这就是一个特别自然的过程，从我们祖先开始就有的人类的自然繁衍，我们只需要顺其自然，顺应它的发生。"这是我的艺术家朋友跟我分享的属于她的怀孕心得。在顺利生产完之后不到两个月，她就又回到了她的工作室，回归到她心心念念的艺术创作当中。

产后抑郁？那是一件跟她完全没有关系的事。

有思考，才能不心慌

· · · · · ·

当你因为太在意而强迫性神经质的时候，你就会在"自动思维"的引导下，竭尽全力地在自己身上寻找"不正常"。大多数时候，是想象力而不是事情的本来面目让孕期的你如临大敌。

是关心则乱，让我们草木皆兵

当一个幼小的生命开始在我们身体里悄悄萌芽，我们感受危险的触角开始前所未有地活跃起来，一点点的风吹草动，都会让敏感的神经变得紧张。因为担心自己腹中宝宝发育的各种问题，隆起的大肚子就像是一个等待着揭开面纱的未知礼物，给我们带来无限遐想和"瞎想"的空间。

阿欢的孕早期过得很不轻松，从小家伙到来开始，她的孕吐反应就格外强烈，吃进去的食物大部分被判"拒绝入内"。反复的进食和呕吐让她的胃肠道感觉格外不适，更糟糕的是，她的食欲从怀孕开始就持续下降，看到油的、荤的、味道刺激的，立马想躲得远远的，唯一能吃下去一些的东西，只有小米粥。

这样的进食状况持续了没多久，阿欢的体重就开始直线下降，怀孕四个月的时候，对比其他同月龄孕妇悄悄隆起的腹部，阿欢反而失去了将近5千克的体重。体重秤上的数字每每带来她的焦虑，摸摸越来越平坦的小腹，她的担心已经无处安放。

"宝宝会营养不良吗？"

"会影响宝宝发育吗？"

"要是……怎么办……"

在心理学家看来，阿欢这种思考方式是灾难化和无限泛化的，这是造成她焦虑的主要原因。"如果……怎么办……"频频出现在很多孕产妇的脑海中，一点点的不确定因子都像投入湖水中引起大片涟漪的石子。

宾州大学的精神学家阿龙·贝克（Aron Beck）在1967年出版了自己的第一本关于抑郁症的书。在这本书中，贝克提出："抑郁就是人对自己以及自己未来的那些不好的事情的思考。"那些容易引起你惊恐、害怕的灰暗想法，貌似是患上抑郁症之后的种种表现，但其实它们是造成抑郁症的根本原因。孕期焦虑和产后抑郁，本质上都是意识思维的失调。灾难化的思考将我们带入一个非黑即白的极端世界，让我们的思维失去了应有的弹性。

事实上，怀孕和生产是一种最自然的生理过程，伴随物质水平和科技医疗水平的不断提升，孕育的成功率和生产的安全性都得到了大幅度提高。现如今的年代，每个孕产妇都有极高的概率顺利生产，那些骇人的意外事件之所以夺人眼球，正是因为它的小概率和极大的偶然性。

还记得"0和1法则"吗？孩子一旦来到我们的身体，我们的身体就会立刻成立董事会，这个董事会的董事长正是你的宝宝，一切的需求他说了算。胎儿的优先级被置于最顶层，我们的身体则会倾其所能地确保胎儿所需。另外，胎儿的生长被自然预设了"保护程序"，如果宝宝自身具有先天缺陷，或是在孕早期遭受了极具杀伤力的打击，比如辐射、药物、高热等，那么自然选择会启动流产程序关闭这次不成功的孕育。只要你的宝宝顺利度过了前三个月的"萌芽期"，那么他已经获得了极高概率成为被自然选择选中要降生的人类后代，大自然将为它的到来保驾护航。

孕期神经质的根源就在于我们太在意自己的肚子，难免"关心则乱"。我们的"自动思维"是有弱点的，因为它太容易悲观了。我认为可行的方法是，在自己吓自己的时候，准确识别出"自动思维"，并试着用积极的思维鼓励自己："真没什么大事儿，可能没几天就好了""宝宝会自己保护自己的，相信身体的力量。"

比如，在孕期体重这件事上，宝宝就有自己的"保护程序"。不论你每天摄入的营养有多少，宝宝都会采取"掠夺式"的手段先从你的身体里汲取他的所需，这也正是阿欢的体重会飞快往下掉的原因之一。从怀孕五个月开始，阿欢的胃口渐渐恢复了，体重也慢慢追上来。因为孕早期的孕吐，她很好地控制了整个孕期的体重增长，可以说是"因祸得福"了呢。

还记得我在怀孕时的很多次产检，每次检查完都显示"一切正常"，医生每每都是轻松地看完检查单，然后让我回家继续安心待产。一开始，我当然舒心高兴，然而次数多了，我反而担心起来，问老公："你说他们有好好检查看结果吗？怎么这么长时间了，都没有一个指标有问题呢？血糖也没事，抽血、验尿都没事，医院不会是瞎糊弄我吧？"我老公一语道破了我的神经质："你啊，哪个指标不正常要担心，都正常了也担心，总之就是找理由担心呗。"瞧，事实还真是这样，当你因为太在意而强迫性神经质的时候，你就会在"自动思维"的引导下，竭尽全力地在自己身上寻找"不正常"。

大多数时候，是想象力而不是事情的本来面目让孕期的你如临大敌。

接下来，我将细数在孕期最容易引发我们活跃想象力，以及灾难化思考的一些场景。在这些"假危机"高发的时刻，我们需要提高警惕这些情境，并有意识地鉴别出它们，打破"自动思维"的循环，让我们更好地掌控自己的大脑。

假危机之一：夜晚

　　38岁的李纯自从怀孕之后一直心事重重，她的担心来自自己"大龄产妇"的身份，每次去医院例行产检时，都会因为自己的年龄被多加"特殊对待"，一些检查是专门针对35岁以上孕妇的，而对于体重、血液等指标，医生也都会因为自己的年龄而给予特别的关注，这无疑加重了李纯的担心。

　　也是因为大龄怀孕的原因，李纯怀孕4个月后就申请了提前休假，开始在家安心待产。没有工作分散注意力，李纯的时间盈余渐渐被胡思乱想倾轧过来，特别是到晚上睡觉的时候，关上灯，大脑总是不听使唤地飞速转动，像牛羊吃草一样的反刍白天发生的事情：

　　"今天水果好像是吃多了，晚上没测血糖，不知道是不是又超量了，怀孕真是苦，吃一点点就过量。"

"李主任今天在工作群里又敲打大家了，眼看着就要过年，业绩好像又不能达标了，他话里有话是不是不满我早早休假？可我也是为了孩子啊。哎，他肯定气恼有我这样的员工，不能干活还拖大家后腿，小西接过去的我那块业务也不知道怎么样了？"

这么毫无章法地想着想着，时间很快就过了零点。

黑夜让我们的意识变得很不稳定，波动性也更强。人的内在能量是动态的，在孕期，能量数值的变化幅度会随着激素的增长而发生更高频的波动。从黄昏到夜晚，是一天中人的内在能量急速下降并且最不稳定的一个时间段。在白天，我们更倾向于依赖外部环境，活在理性的世界里，能够调用客观条件和逻辑认知来处理信息。到了夜里，我们更容易进入感性世界，主观感觉会放大感受。你有过那种经历吗？晚上翻来覆去想得很严重的事情，睡一觉醒来，就觉得没什么了。

如果你本来就是这种心思细密、容易多思的体质，那在孕期，你的睡眠情况很可能会更加糟糕。其实，作为一个信息处理中心，我们的大脑负责处理"情绪"和"信息"的是两个部分：理性中心在前额叶，它负责分析和思考，解决问题；情绪中心在"边缘系统"，它负责情绪和因为情绪而带来的生理状态，比如脸红、心跳加速、头疼等。不巧的是，这两个部分是相互排斥的，无法协同工作，它们就像跷跷板的两端，当一边翘起来，另一边就要沉下去。也就是说，每当情绪中心活跃，理性中心便会被迫停止它的逻辑分析，进入半休眠的状态。

白天是属于工作和劳动的，在白天，我们的前额叶相当活跃，可以用来高效工作，而到了夜间，属于情绪中心的时刻就到了。换句话说，在白天，经由"理性中心"，我们更倾向于思考如何"解决问题"；而到了夜晚，经由"情绪中心"，我们更容易陷入"问题"本身，将情绪无限放大。我们的大脑在白天很会"辩论"，它会寻找论据来支持理性的论点，而到了夜晚，它更容易被感情的起伏淹没，失去推翻自己的动力源。更为极端的情况是，将未完之事自动带入到更深的潜意识——梦境里。

避免夜间多思，不仅对正处在孕期的你至关重要，对你腹中的胎儿更有着长效的影响。一方面，避免过度思考能确保你在最需要睡眠的时候得到充足的休息；另一方面，孕激素和雌激素在夜间分泌得更加旺盛，它们有机作用于母体和胚胎，激发生长激素的释放，让宝宝快速成长。更有许多研究指出，胎儿在出生后的生物节律，即兴奋、困倦的周期，与孕期准妈妈的节律呈现出一定的正相关性。

夜晚这个时间点对于孕产妇来说，是一个并不友好的时期。不过，你可以借由一些简单的办法，来有效规避夜晚可能对你的情绪投下的涟漪：

首先，你需要确保早睡。10点上床，并尽量在11点前进入睡眠，这样可以让你的身体远离疲惫的状态，缩短夜晚在清醒状态下前额叶的活跃时间。

第二，当某个让你纠结的信念在夜晚挥之不去时，你可以将这个恼人的问题写下来，然后告诉自己，明天天亮我再想它。暂时搁置是处理夜间情绪的最有效手段，当你经过了充分的休息迎来第二天，这个困住你的问题已经迎刃而解，或者，它对你来说已经没那么重要了。

第三，不论负面情绪和自我保护多么强烈，都要避免"极端性思维"，记得告诉自己，事情可能有多个结果，你有不止一个选择。夜晚很容易让我们钻牛角尖，更容易让我们感到无计可施，但这常常只是因为激素水平放大了我们的恐慌。

第四，学会清空大脑，养成睡前冥想的习惯，非常有助于孕期好眠。

　　当你了解到夜晚本身是一个特殊的阶段，你就可以告诉自己，不要对晚上的情绪太过认真，试着忽略和抽离。好眠之后，你就会迎来崭新的一天。

假危机之二：比较

　　怀孕和生产为我们打开了一个新世界的大门，孩子的到来需要我们在知识和经验领域快速成长，消除知识体系的盲区。很多女性都有这样的感觉：生过一次孩子，就多少变成了这方面的"专家"，和没有经历过生产的"小白"相比，我们确实在短时间内丰富了大脑信息、积累了立体化的经验。

　　解锁未知事件，人类倾向于通过模仿来快速学习。比较传统的方式是口口相传，中老年已育妇女的生产经验是最主要的知识库存，妈妈和婆婆讲她们如何准备生产，手把手地对不合宜的行为进行纠正。在当下，"人际传播"虽然低效，但影响力仍然巨大。参考自己的妈妈是怎么做的，看看身边生过孩子的同事和朋友是怎么做的，从而尽快让自己调整到"孕育模式"，这是很多孕产妇都会经历的过程。

"每天要出门散步，保持运动量。"

"妈妈生你的时候就是熬夜太多了，你生出来就黑白颠倒。"

"我跟你说，我怀孕的时候就天天吃燕窝，生出来的孩子特别白。"

我们每个人都有一整套内在的认知框架。最初，这个框架的大部分内容来自我们的父母和长辈，他们教我们什么东西能吃、什么事不能做。随后，这个框架不断地被老师、同学、朋友、同事，以及书籍、网络等注入新的内容。到了成年之后，这个框架已经趋于稳定，换一种说法，我们已经有了属于自己的一整套价值观。

孕产是一个全新的世界，除非一开始就从事相关工作，否则我们在自己怀孕之前，几乎都是这方面的菜鸟。在短短几个月的时间里，我们会吸收大量的信息来充实自己这方面的认知，听取"过来人"的经验，在网络上吸收信息，快速建立自己的认知框架。

通过模仿和比较得来的行为指导简单易行，你只需要照搬别人的经验来做就可以了。但"比较"本身却是一把双刃剑，除了给你带去有用信息，也带来很多潜在的危机，会让我们陷入一种被动的生活——有了疑问就通过照搬别人的经验来处理，这无疑会让我们失去了了解自己的机会。正如，有人在孕期可以参与力量训练，那是因为她们在孕前就一直有这样规律的健身习惯，但有些孕产妇原本并没有运动经验，怀孕了才开始强迫自己去健身，不仅身体会吃不消，还会给妊娠带来风险。

此外，"爱比较"的本性和好胜心，很可能让我们难以获得知识，反而给自己增加心理负担。

小葵怀孕的好消息是跟另外的两个同事几乎同时在公司里宣布的。三个人不仅年纪相仿，进公司的时间也差不多，又差不多同时怀孕，大家的关系就一下子变得近了许多。

每天的午餐时间是三个人固定用来"私密交流"的专属时间，聊各自身体的变化，聊购物车又加了什么好东西，聊产检的各项指标，还有家里大大小小的事情。小葵很高兴有两个同事跟自己同月龄生产的，因为她总能从另两个人身上学到一些自己不知道的事情，比如睡觉的时候靠左侧卧比较好，8个月之后别去电影院，等等。然而好景不长，"午餐恳谈会"的味道却似乎悄悄发生了变化。

"你们老公陪你们产检不？反正我跟我老公约法三章了，每次产检必须陪我去，增加他的参与感，哪怕请假也得坚持，这几次他表现还挺好的，上回看完B超回来都快哭了，说'老婆，我得好好对你'。"

　　说者无心，听者有意，只是偶尔有丈夫陪伴产检的小葵心里有些不平衡。上次，因为是一个人去产检，抽完血还得自己按压着针孔，都没办法拿背包。"同样是孕妇，为什么别人家的老公就能做到事事周到，体谅老婆的辛苦？"心里这么想着，小葵脸上露出了五味杂陈的笑容。

　　不多久，小葵甚至越来越害怕中午的到来，三个人的聊天简直将生产变成了一场竞赛——去公立医院还是私立医院？去不去月子中心？有没有布置婴儿房？买了多贵的婴儿车？俗话说，三个女人一台戏，在这场戏里小葵无疑只是配角。她的存在是为了衬托对面的人有多"贵妇"，这场竞赛让她逐渐心力交瘁。

　　在午餐时积蓄的不满总还是要有出口的，小葵的丈夫就成了这场竞赛中最无辜的牺牲者。"别人家的丈夫"好像怎么比都比自己家的体贴、懂事、有担当，其实小葵的丈夫也为妻子和即将出生的宝宝做了许多准备，不仅每天雷打不动地上下班接送她，还承担了做晚饭的重任。最重要的是，小葵的丈夫很尊重小葵的决定，大到去哪里生产，小到周末吃什么，都是小葵说了算。可是，前两次因为上班走不开而没陪小葵产检的事情，变成了她心里的一个结。她心中的那个小本本，不断记录下"自己丈夫不如别人"的点滴。

　　就这样，小葵终于爆发了，她哭喊着细数丈夫种种的"不是"，像是没有送自己去月子中心啦，没陪自己产检啦……而小葵的丈夫像是丈二的和尚摸不着头脑。

孕产期的"比较心"一方面跟激素水平有关，更与我们怀孕之前的心智成熟程度相关。"比较心"的本质其实是一种隐藏在虚荣之下的不自信，只有当一个人的自我认知不足、对自己的定位很模糊的时候，她才需要借由与别人的比较来找到存在感，甚至是优越感。

也许有人会说，"我不是虚荣，我是真的害怕自己给孩子的不够好"。哦，是吗？你是"怕自己给孩子的不够好"，还是"怕自己看起来不够好"呢？

"比较心"就是如此不堪一击。原因就在于它从根源上来自我们看问题不够全面，很容易在一个点上看出分别，却忽略了从整个面上来考量事情的真相。因而，我们的比较通常都是一维的，而不是多维的、立体的，我们每一次比较的出发点都是狭隘的，也欠缺足够的说服力。

比如：小葵听说同事的丈夫每次陪她去产检，却并不知道同事的丈夫天天晚上应酬，每每要夜深才能回家；小葵看到同事报名了高端月子中心享受星级服务，却并不知道月子中心的老板正是同事丈夫的同学，他们付出的仅仅是比请月嫂多那么一点点的成本；小葵羡慕同事买了高级的婴儿车，布置了漂亮的婴儿房，却不知道同事更羡慕她的丈夫每天上下班体贴入微的护送。

尼采说："他人即是地狱。"在孕产期的我们正面对未曾经历过的人生要事，自我不够坚定的话，就很容易生出"比较心"。事实上，我们并不会因为没做什么而真正"输在起跑线上"，因为分娩本身是一件再自然不过的事情。在国外，你甚至不用为此去医院，只需要在家求助于有经验的人士，就可以完成生产。所以，我们真正需要的，只是放轻松而已。

假危机之三：信息黑洞

信息时代里，能够掌握关键信息的人已经在很多事情上跑在了前面，怀孕也不例外。在孕产的全过程中，可靠的信息能让我们感到安心、踏实，面对未知的事情有基本的把握。然而，从庞然杂乱、良莠不齐的网络信息中辨别真伪，筛选出真正有用的内容，绝非易事。如果无法筛选可靠的信息源，我们就很容易在众多选择面前变得茫然无措。

刚刚经历生产的小蓝近来情绪非常低落，新生的小女儿健康可爱，是全家人的宝贝，生产过程也挺顺利，年轻的小蓝并没有受很多罪。然而，让小蓝没想到的困难是在生产之后的——她的母乳很少，一天也只能吸出来四五十毫升。本以为过了最初的几天乳量会有所提升，但事与愿违，孩子的食量增长了，她的产奶量却是越来越跟不上。

嗷嗷待哺的新生宝宝饿得直哭，小蓝看在眼里，急在心上。"不能喂饱自己的孩子，我这还算什么妈妈呢？"被这样的想法困扰着，小蓝的精神状态一天天变得更差了。月嫂提出给孩子加奶粉，但她记得怀孕时曾在网站上看到的信息说，"一旦选择了奶粉，母乳就会越来越少，最终变成纯奶粉喂养"。加上，医院的母乳门诊的护士一趟一趟地过来，叮嘱小蓝要让宝宝勤吸吮，实现纯母乳喂养。小蓝觉得自己无论如何还是得坚持，哪怕宝宝眼下觉得饿，她仍然期盼着自己的乳汁能尽快赶上来。

孩子的黄疸很快出来了，眼看着孩子的脸由白变黄，小蓝更担心和着急。月嫂以自己多年的经验强烈建议给孩子添加奶粉，她告诉小蓝，如果母乳不足导致宝宝吃不饱，降低了代谢速度，不能及时排泄，就会转成"母乳喂养性黄疸"，相当的危险。但小蓝并不相信她的话，觉得她很有可能是因为想省事才主张添奶粉，就始终咬牙坚持，期待着情况会好转。

两天两夜了，孩子饿得直哭，体重掉了320克。在24个小时没有排泄之后，第三天孩子的黄疸值直接升到了16，小蓝害怕了，医院也害怕了，这才提出多吃多排。到了第四天，宝宝的黄疸值升到了20。要知道，这么高的黄疸值可能对孩子的脑子造成伤害，医院紧急给孩子用蓝光仪器。两天下来，孩子的情况才逐渐好转。

"不是哪里都在提倡纯母乳喂养好吗？我又做错了什么呢？"小蓝至今放不下心里的困惑。

我也曾像故事里的小蓝一样被普及了母乳喂养的好处。正在哺乳期的我有一次录制节目，刚好邀请到一位心理学专家来做嘉宾，节目结束后我们一起从演播室离开，路上她表情很是严肃地叮嘱我说："你可一定要母乳喂养啊，尽量纯母乳，我跟你说，喝纯母乳的孩子跟奶粉喂出来的真是特别不一样。"这让当时正采用混合喂养的我禁不住追问："哪里不一样呢？"专家立刻拿出慎重又神秘的语气在我身边耳语道："孩子是不是喂母乳，关系到未来他的抗挫折能力啊，我们喂母乳的时候都是抱着孩子的，宝宝很有安全感，而喂奶粉的孩子，在抗挫方面明显不行。"她想了想，又赶紧补充道："我跟我姐姐就是这样，我姐姐是喝奶粉长大的，我是喝母乳，我们俩成年之后遇见事时，"她若有所思地说，"明显我比她坚强多了，遇到挫折时处理的方式完全不一样。"

我绝非要否认母乳喂养的种种好处，不论从营养成分还是母婴亲密度方面，母乳所能给予孩子的都远超过配方奶粉。世界母乳协会推崇所有新妈妈都能坚持母乳喂养孩子到至少一周岁，也充分说明了母乳在孩子早期喂养中不可替代的作用。然而，这位专家的言论却是经不起推敲的。首先，很多妈妈躺着喂宝宝也常常是各睡各的，而喂奶粉的时候也时常需要抱着走着拍着，哺喂的姿势并没有本质区别；其次，这位专家的这段言论的"实验对象"只有她自己和她姐姐两个人，这从统计学上来说，也完全没有说服力；再次，成年人的抗挫折能力受到遗传基因、性格养成、成长经历等复杂因素的多重影响，在追踪实验过程中，很难控制其他众多的重要变量。所以，"喂母乳的孩子抗挫折能力强"这样的必然结论是站不住脚的。

孕产方面的知识在网络上、医生和助产士们口中，以及婆婆、妈妈这些"过来人"的经验里，鱼龙混杂地存在着。伴随自媒体的兴盛，使得任何人可以以专家的口吻在网络上发布内容，这些方面的信息又几乎没有相关的监管、筛选、评级。因此，对于初入孕产领域的新妈妈来说，很容易因为疏于鉴别和筛选，而被一些"正确而非全面"的信息施了障眼法。以下几个例子，出现在很多的文章中，但都只做到了"有条件"的正确：

1.母乳对孩子非常好，但不能因为坚持纯母乳而让宝宝饿肚子。

2.顺产对妈妈和孩子都更有好处，但在条件不足时剖宫产也是很好的选择。

3.宝宝睡小床对培养孩子的独立性有好处，但跟妈妈睡他更有安全感，睡得更香甜，亲子关系也更融洽。

在怀孕和生产的过程中，没有什么比了解自己的身体、自己的需要、自己适合什么更为重要，对于接收到的孕产知识和信息，我们需要抱持开放却不执着的态度，对每个问题最好持有两种以上的解释观点，千万不能一条道走到黑。

很多新妈妈在遇到问题的时候会采取上网搜索的方法找答案。上网搜索是最高效、最直接的途径，却并不是最可靠的。在这个时代，不是所有的网络资源都能提供给我们准确的信息。孕妇和新生儿的很多正常的表现在网络上会被莫名夸大和歪曲，一些非正规的公众号和医疗机构，为了抢夺用户、夺人眼球，甚至采取故意威胁、贩卖焦虑的方式来吓唬孕产妇，给本来就神经脆弱的我们带来不小的内心冲击。因此，在寻求信息的过程中，我们应该尝试着提醒自己这两句话：

1.没有一篇文章能描述我的宝宝的问题。

2.没有一个专家能永远正确。

在我看来，解决问题的最佳方式是，抱持着冷静和科学，向正规的医院和专业人士寻求解答，时刻观察自己和宝宝的状态，找到真正适合自己的解答。

真正的危机

那么，究竟哪些事的发生，会真正增加胎儿发育不良甚至生长缺陷的概率？请注意，我说的是"概率"，并不是说，准妈妈有以下行为一定会导致宝宝的发育障碍。这些"真正的禁区"对于不同孕妇来说风险高低不同，却都是胎宝宝们不欢迎的。

1.高糖、高盐、高脂肪

高糖会造成孕期体重的额外增长，使准妈妈患上妊娠期糖尿病的概率大大提高，对母亲和孩子都有较大危害。虽然患有孕期糖高的妈妈在产后大多数也能恢复正常，但在未来她们患Ⅱ型糖尿病的风险会大大增加，而孩子在近期和远期患糖尿病的概率也将大大提高。另一方面，孕期糖高症也会提升流产的可能性，增加妊娠风险。

高盐和高脂肪饮食会增加孕妇患孕期高血压的概率，为生产带来额外的难度。

要特别注意，外食和加工类食品当中隐藏的油、盐和糖，比我们想象的要多很多。作为承担着孕育任务的孕妇来说，学会看食品标签，计算三餐热量，做到科学饮食，坚持体重管理，是孕期最应该做的事情。

2.持续高热

冷空气容易让孕妇着凉感冒，我们也看到很多孕妇在冬日里捂得严严实实，不能受一点"风"。但孕妇其实是"怕热而不怕冷"的，高热才是孕妇真正的敌人。

孕妇在40摄氏度以上的气温里持续待半小时以上，就有可能对胚胎的神经发育带来不可逆的负面影响。过热而封闭的空间，比如汗蒸、桑拿、温泉、艾灸等，是孕妇需要全面杜绝的场所。这些高热的空间往往会出现湿度过大、氧气不足的情况，让本来就容易呼吸不畅的孕妇更容易头晕、昏厥。

我曾经接触过两位做路边摊烧烤生意的准妈妈，肚子的位置刚好跟烤炉接近，持续的高温和热辐射给胚胎带来了可怕的影响，最终她们生出的孩子都有不同程度的发育问题。

3.生食

生食的风险来自食材中没有经过高温处理而残留的寄生虫、农药及其他有毒物质，寄生虫对母体的侵害和有毒物质的感染都会很快影响到胎儿的发育，哪怕不能直接影响胎儿，也会对孕妇带来胃肠疾病风险，增加孕期难度。因此，在无法完全确保生食的来源和安全性的情况下，百分百熟食的饮食原则是孕妇不错的选择。

4.持续的压力、焦虑和悲伤

负面情绪对于妊娠的影响，在此前的几十年间，被我们大大低估了。有研究显示，在怀孕3个月后，胚胎便能感知母体的情绪，并做出一些反应。女性在孕期的压力、焦虑及其他负面情绪，对于孩子和母亲的影响将是长效的。不良情绪的因子将作用于产后妈妈，会造成产后抑郁的高发。同时，这些情绪因子和能量的传导，也将在宝宝的一生中潜移默化地进行选择性表达，影响孩子的抗挫折能力、情绪管理能力和安全感。

5.约物

在孕期，孕妈妈需要对大部分的抗生素和病理性药物说"不"。通常情况下，这些药物针对病灶却作用于全身，对于胚胎的发育存在太多不确定性，特别是在胎儿大脑飞速发育的孕早期，药物的影响更是牵一发而动全身的。到了孕晚期，如果孕妇患上了较为严重的感冒、咳嗽，还是有很多药物可以选择的，此时去咨询专业的医生，听从他们的建议是最为合理的选择。

舒心的孕期，要少而不是多

· · · · ·

　　我们在孕期身体的各种神经系统失调、身体不适当中，有一半是因为交感神经过度兴奋所导致。这时候，我们只需要全面而彻底的放松神经，提升副交感神经的兴奋性，体内的各个部分就都会恢复平衡。日本顺天堂大学外科教授小林弘幸在自己的书中提到对于调控内脏神经需要做到的"三个慢"：慢呼吸、慢运动、慢生活，这也正是我们最最需要的。

放松，让一切如常

怀孕时，对于胎儿注意力的过度投入，以及对于生产的畏惧，让"孕期焦虑"成了准妈妈们普遍面对的问题。有权威调查指出，有不同程度"孕期焦虑"的女性占到准妈妈群体的97%。可以说，焦虑，已经成了孕妇们的"通病"。

与其他广泛的社会性焦虑不同，孕期焦虑主要表现为"预期性焦虑"。当我们对可能发生的事情感到忧心忡忡、恐惧不安，这就是预期性焦虑。有时候，这种表现很轻微，仅仅是在我们的脑子里"过一下"，我们甚至很难将它与日常的担心区分开来；但也有时候，"预期性焦虑"会让我们寝食难安，乃至发展成"预期性惊恐"。

孕期焦虑究竟为什么会发生呢？

首先，孕产确实是一件不确定性非常高的事情。当我们做好了要顺产的十足准备，却在最后时刻被告知不得不"挨一刀"；当我们满心期待一个小公主的降临，却收获了一个嗓门巨大的胖小子；当我们对母乳喂养信心十足，却最终不得不向现实低头，默默地拆开奶粉罐；当我们满心期待自己在产后要如何修复，却因为体力不支而迟迟没能走上恢复的道路……在怀孕和生产这件事上，"什么都有可能发生"。

与巨大的"不确定性"相对，现代化进程和科技的不断演进，让我们对于"确定性"的追求进入某种执念当中。我们恨不能将一切在意的事情掌握在自己的控制之下，将自然选择中原本的随机性置于一边，拼命地要求生活按照我们的旨意来向前推演。在畅销书《反脆弱》中，作者纳西姆·尼古拉斯·塔勒布指出："我们生活的现实其实也是一个有机体，具有非常强的弹性，生活并不是一架编程好的机器，不可能按照我们的要求亦步亦趋，生活更像是一只活生生的猫，具有根本上的不可控性。"对于"确定性"的追求，让现代人变得越来越脆弱，因为这个世界原本就"更像猫而不是洗衣机"。

我们的孕期焦虑很大程度上来自于我们太想要控制，但凡有点儿"不如所愿"，我们便觉得"有问题"。

另外，我们的文化大环境也让我们更容易患上"孕期焦虑症"。还记得我刚刚怀孕的时候，每到朋友们聚会，人家一听说我的"喜事"，就都变得有些小心翼翼，提示我这个不能吃，那个不能碰，"你现在可是大熊猫啊"。我仿佛真的在享受着"国宝级"的待遇，整个人都不自觉地谨慎起来。当然，朋友们的照顾是非常贴心的，但这种"特殊待遇"恰恰在潜移默化中种下焦虑的种子，让我感到"必须专心致志地怀孕，可不能出任何差错，我现在可是很不一样的时期呢"。

无论是"凡事控制"还是"特殊对待"，都会加重我们神经紧张的程度，从而造成孕期焦虑。还记得在开篇讲的，营养学专家给出"调动副交感神经"的建议吗？

我们人体的神经分成两大类：一类是"躯体神经"，主要用来支配骨骼肌，这部分神经是受到我们意识调控的，比如，你想着要抬起右手，你的右手就被同时抬起来了，这就是"躯体神经"启动的一系列动势；另一类是"内脏神经"，这类神经主要支配内脏，不接受意识的调控，内脏神经又分成交感神经和副交感神经，它们合称为"植物性神经"。

内脏神经关系到我们所有器官的功能，交感神经和副交感神经呈现快慢交替的运动形式。也就是说，一方兴奋的时候，另一方就会被压制，关于这两者在内脏运转中间的作用，可以简单罗列为：

交感神经	副交感神经
始终消耗能量	始终聚集能量
抑制大部分消化系统	促进消化系统功能
增加脉管系统阻力	对脉管系统几乎没有影响
让呼吸浅快	让呼吸深慢，增加体内含氧量

　　只要简单对比，我们就知道，孕期的准妈妈是多么需要调动副交感神经来发挥作用。当我们把身体交由副交感神经管理的时候，我们不仅能聚集能量，更好地吸收营养物质，还能让身体富氧。这些对于在我们体内发育的胎宝宝们来说，无疑是最棒的温床了。

　　由于社会和工作的压力，现代人的生活节奏越来越快，使得我们的交感神经总是处于兴奋的状态，而副交感神经则被压制。我们在孕期身体的各种神经系统失调、身体不适当中，有一半是因为交感神经过度兴奋所导致。这时候，我们只需要全面而彻底地放松神经，提升副交感神经的兴奋性，体内的各个部分就都会恢复平衡。日本顺天堂大学外科教授小林弘幸在自己的书中提到对于调控内脏神经需要做到的"三个慢"：慢呼吸、慢运动、慢生活，这也正是我们最最需要的。

简单舒适

在19世纪的时候，著名作曲家索罗就曾劝告过与他同时代的人，要减少日常生活中的复杂性，"简化！简化！简化！只做两三件事就够了"。心理学家蒂姆·卡瑟通过研究发现：时间上的富裕比物质上的富裕能带给人更多的幸福感。

要让身心各处放松，做减法比做加法来得更直接。既然处在孕期，那你就有了十足的理由酌情减少你的工作：那些曾经可做可不做的事情，也完全可以依照自己的心意做出筛选；那些一定会带给你压力的事务，你都有了充足原因可以对它们说"不"了。

在物质层面已经被充分验证了，减少生活中的东西，也就是"断舍离"，能让我们过得更加舒适；在心灵层面，同样已经被很多心理学实验证实了，"简化"对于我们的心态起到积极作用。纵观人类历史，曾经的农耕社会里一年四季只做种地这一件事情的人们，幸福感比"时间窘迫"的现代人要高出好几个量级。在孕期，你最需要做的就是将自己的时钟调慢下来，慢悠悠地散步、慢悠悠地吃饭、慢悠悠地听歌，慢悠悠地与时间相伴。在这段日子里，放心大胆地采用"唯快乐论"的旨意去自在地生活吧，因为在这段特殊的时间，你的快乐和你的"成功"是完全相关的——只要你舒心、放松，你的宝宝就将成长得更快更好。

"简化生活"不仅包括事务、物质层面的简化，还有感情层面，那些你感觉没有营养的社交活动，在这个时候就大胆地拒绝吧。有孕妈妈告诉我说，为了对大脑做"彻底简化"，她还在孕晚期的几个月里，彻底关闭了朋友圈。对时间的"捍卫"会带来对自我的回归，但是，良好的孕期是能在喧嚣当中沉静下来，而非离群索居。我们只是不用再左顾右盼地衡量社会对我们的要求，也不用强迫自己去做不愿意做的事情。

还有一件需要我们简化的事非常关键，那就是对作息的简化。极简的作息要求我们停止熬夜，遵循人体最本来的节律——早睡早起。要知道，在你睡着的时候，你体内的生长激素才是分泌最旺盛的时候。充足的睡眠不仅能让你的身体保持健康，还能稳定情绪，带来积极的影响。

赞同你自己

一个人总有一天会明白，嫉妒是无用的，而模仿他人无异于自杀。因为不论好坏，人只有自己才能帮助自己，只有耕种自己的田地，才能收获自家的玉米。上天赋予你的能力是独一无二的，只有当你自己努力尝试和运用时，才知道这份能力到底是什么。

——爱默生

孕期最需要的心态之一是"全面自信"，我们需要充分尊重自己，用满满的爱来体验我们的身体和灵魂正在发生的奇迹。爱是我们的孕期乃至整个人生中最伟大的情感，我们所感受和发出的爱越大，所能驾驭的能量也就越大。

我们在全身心地爱孩子之前，更应该做的是爱自己。一个自爱的妈妈不仅有更高概率孕育出自我认知度高的宝宝，还会在孕期产后的各个阶段，创造最适合婴儿成长的充满爱的环境。

那么，"自爱"是什么呢？是宽容、仁慈、充满关爱，是相信自己的力量，相信自己可以得到生命中一切美好的事物，时时刻刻对自己无条件信赖。

自我信赖会对准妈妈的日常表现产生很大的影响，那么，自我信赖如何形成呢？

首先，自我信赖来自对正面结果的无条件相信。你可以用一个小本本写下需要"相信"的正面结果，要充分使用肯定句，例如："我一定会平安、顺利地诞下健康、可爱的宝宝""我相信自己的选择，我将健康生活，为孩子营造最好的宫内环境"等等。正面思想的力量会将好的事物拉向你，从而为你的未来创造出你理想的生命画面。

其次，学会用正面反馈增加我们的信心。两位准妈妈都为自己的孕期"活动"设计了目标，A妈妈给自己规定，每周上三次孕期瑜伽课，每天走1万步；B妈妈给自己规定，每周走2万步。你猜，是哪位妈妈更容易完成目标，并对自己更加有信心？"正面反馈"其实就是对正确的事情和完成的事情给予肯定和表扬，当我们得到一件事情的正面反馈，我们就会对这件事情和自己更有信心。

因此，我们要合理设定目标，让正面反馈不断促进我们对目标的完成度。

赞同自己不仅仅是"要求"，更应该是一种习惯，当你借由孕期习得了这种能给自己带来无限力量的习惯，你就改变了大脑中的神经连接，创造出新的"思维定式"。

带球运动：让你的负面思绪一扫而空

怀孕的人可以运动吗？！

这是我在整个孕期听到最多的疑问，问的人不仅表现出震惊，还带着一种"何必呢"的无法理解。事实上，美国妇产科学会一直建议，低危妊娠妇女在每周的大部分天数里，每天参加30分钟及以上中等强度的体育锻炼。如果你在孕期没有不适（比如，头晕、腰酸、耻骨疼痛等），并且在孕前就经常运动（这一点非常重要），那么你完全可以继续自己的运动生活，只是需要调整一下运动强度。

我在怀孕前每周去健身房两次，每次做大约40分钟的力量训练和30分钟的有氧锻炼。在怀孕之后（从孕四月开始），我每周去健身房做一次大约30分钟的力量训练，每周再去游泳一次，大约50分钟。此外，我还会在身体能量感觉充沛的时候，在家里做一些力所能及的有氧器械（比如，椭圆机、举哑铃等）。

孕期健身可不是什么激进的事情，维密天使"小南瓜"在十个月的孕期一直没有间断健身，哪怕是怀孕九个月的时候，从背后看去，她仍然有着维密模特的玲珑有致。在我身边那些一直有着健身习惯的姑娘们中，我的健身强度着实不算什么。我的同事小瑀，孕期坚持每周三次到四次的力量训练，她整个孕期只增重6千克，生出的孩子非常健康，体重有3.25千克。她在坐月子的时候已经恢复到了孕前体重，并且重新投入到恢复性训练当中了。

当你看到刚出月子的她，你完全无法相信这是一个刚生完孩子才30天的新妈妈！

也许有人会问了，怀孕已经这么辛苦了，为什么我还要费力健身呢？其实，健身恰恰能降低你的辛苦程度，不仅仅在孕期，包括生产过程和产后恢复都是。怀孕会让我们的肌肉大量流失，脂肪大量堆积，而保持有节律的孕期健身，不仅有助于我们在孕期控制体重、保持身材，还能让我们顺产的可能性更大，并在顺产的过程中更有力量。

此外，孕期运动可以消耗让我们紧张的肾上腺素，同时提升体内脑啡肽和血清素的水平，让我们的身体放松、愉悦，调动起副交感神经的力量。可以说，对于身体和情绪来说，运动是我们孕产期最好的调节方式之一。

当然，孕期还是一个非常特殊的时期，千万不要因为得知了孕期可以健身而对具体的操作，掉以轻心，要想在孕期无忧地运动起来，你需要注意以下几个问题：

1.选择适合的运动方式和强度

你是否可以在孕期选择运动，以及选择什么样的运动，跟你在孕前的运动习惯息息相关。

我常常会建议刚刚怀孕的新妈妈，"去游泳真的很好，会很好生"。但我没想到，有一个听了我这个建议的新妈妈，原本并不会游泳，却因为这个建议，在孕期大张旗鼓地学起游泳。可想而知，这是多么危险的事情！

你在孕期的运动方式必须是你非常熟悉的、多年来已经习惯了的，尽量不要在怀孕之后尝试全新的运动项目和形式。你在孕期的运动方式只能比孕前更少而不是更多。

"不要着急慢慢来"是我们在孕期开始运动的大原则，千万不能好高骛远，不要盲目跟其他人比较。试想一下，即便是在没有怀孕的情况下，如果一个人突然开始从事剧烈的运动，也是会有器质性损伤风险的，因为身体尚且需要缓慢讨渡来适应你需要的运动强度，更不用说在孕期。你在怀孕之后的运动强度比孕前也只能更低而不能更高，因为怀孕会消耗我们身体额外的体力和能量，特别是越到孕晚期，宝宝消耗的能量就越大，千万不能以你在怀孕前的体力和运动强度来要求自己。

找到最佳方式和强度的方法之一是咨询专业的健身教练，让他们根据你的身体状况和运动基础给出合理建议；之二是时刻关注自己在健身中和健身后的状况，出现任何的不适症，比如疼痛或者是头晕，你就需要赶紧降低强度，或者换一种健身方式。

2.评估并制订自己的运动计划

怀孕之后，我们的心血管系统和呼吸系统都会发生明显的变化，注意到自己会不自觉地大口喘气吗？稍微上几个台阶就像是做了大量运动一样上气不接下气？这都是逐渐增大的体重以及胚胎对内脏的挤压造成的。"带球生活"让我们的心脏负荷在妊娠期间增加了30%—50%，每分钟的呼吸次数也增加了，尤其是在孕28周之后的孕晚期，我们会感觉到身体的吃力程度每日在增加。因此，不论你在怀孕前是一个多么热衷并擅长运动的人，在怀孕之后都需要调整运动强度，避免运动过度或身体过热，因为你身体的供能系统不仅要供给你的生命过程、运动，还有腹中的宝宝，你必须时刻当心，不要让心率、呼吸频率有大幅度地上升。

如何判断你的运动是"适量"的而不是过度呢？你可以使用"谈话测试"来检测运动强度，方法非常简单。如果你在运动的时候还能说话，说明运动强度适当，处在安全的范围之内；而如果你因为劳累变得上气不接下气无法顺畅地说话，就说明运动强度过高，这时候你的体内很容易缺氧，需要赶紧降低运动强度。

确保你的运动安全有效，最好是有人带领和保护。目前，北京、上海、广州、深圳的不少健身私教工作室，能提供专门针对孕妇的私教课程。向训练有素的专业健身教练咨询建议，并寻求指导，这样会最大限度地降低你的孕期健身风险。当然，如果你从事的是瑜伽、游泳等轻量级的运动，最好也有他人的陪伴，防止一些意外状况的发生。

对于孕前就有良好运动习惯的孕产妇来说，孕中期就可以进行适当锻炼了。对于在怀孕之前经常进行力量训练的女性，孕中、晚期也都可以进行轻量级的力量训练，以及其他适合孕妇参与的一般性运动包括散步、游泳、孕期瑜伽、跳舞、健身球等。

预测你的生产

· · · · ·

想有一场完美的妊娠，你必须在深层意识中赋予自己做到完美的资格，因为你的生命其实是一面镜子，它会持续反映出你的主要思想。每一个你当下的思想其实都在创造你的未来，这就是我们都熟知的"吸引力法则"。

好的信念才有好的结果

在我怀孕之后，有很多"过来人"贴心地跟我分享她们的生产经验，奇怪的是，似乎不少人的生产过程听上去都"惊心动魄"。记得有一次，我去探望一个刚生完孩子四个多月的好朋友，她产房里发生的那些事让我听得泪流满面：产房里经历了超过30个小时的阵痛，又在无奈之下被迫顺产转剖宫产。她描述自己在产床上疼到撕心裂肺时的感受，"爸爸妈妈和丈夫在我的床边一直掉眼泪，我全身颤抖，自己根本无法控制身体，那种疼痛让人失去尊严"。末了，她意味深长地对我强调说："产房里，你什么都控制不了。"

我记得产前去听的孕妇课上说过：如果将人类的疼痛级别分成1—10级，疼痛程度逐级递增，那么生产的阵痛就是10级。有怕疼的年轻妈妈分享她们的选择——直接剖宫产，虽然恢复的过程缓慢，但起码自己不用经历地狱般的疼。当然，现在很多医院里已经可以给准备顺产的孕妇打硬膜外麻醉，这种麻醉针在妇产科临床上已经非常成熟，被证明对胎儿和产妇都没有危害（也有研究称：硬膜外麻醉或可拉长产程，会带来一些不可预测的风险）。

"我必须自己有一套生产方案"，在进入孕晚期之后我这样对自己说。虽然生产的过程和方式受到很多客观条件限制，例如骨盆大小、胎儿胎位、身体状态等，但这并不妨碍我提前设定一个属于自己的目标。"用无痛，争取顺产，无侧切、无撕裂"，这是我自己的计划。当然，这样的目标也需要有很多的理由和背景来支撑，比如我的骨盆条件还不错，在孕期一直坚持做力量训练，胎儿大小合适，但这样的目标还是被听到的人认为过于理想化，超出了对生产应有的期待。

孕九个月的一天晚上，好友一家特意来看望即将临盆的我。在饭桌上，我谈起了自己的这一目标。好友已经是两个孩子的父亲，他不无担心地对我说："生孩子这事儿，期待可以有，但是千万不能太过执念，生产的事情谁也说不好，说实话你这个目标定得有点高，你就不能这么想，你得想，哪怕到时候要剖了也得生啊，你这种完美生产的目标不可取。"这时候，身边的丈夫也赶紧趁机敲打我："对，对，对，生孩子这件事不能强求。"

不可否认，他们的劝说很有道理。然而，有一个很完美的目标并不妨碍同时拥有弹性的心态，虽然身边的人都不大相信我能够如自己所想的那般完美生产，但最后我的"愿景"还是成真了。

我的生产全过程，感受到痛感的时间大概不到一个小时，在按照我的要求用了无痛之后，疲惫的我便陷入深沉的睡眠。经过几个小时的养精蓄锐，我的体力和精力都得到很大恢复。当正式进入产程时，平日里健身打下的基础帮助我科学用力，使得每次用力都卓有成效。在将近40分钟的时间里，我的丈夫为我播放我提前准备好的歌单，那是我最熟悉的，能带给我信心和勇气的音乐。就这样，助产士、麻醉师以及我的丈夫，我们一边聊天、一边有节奏地用力。最终，我在无痛感的状态下顺利诞下3.4千克的小婴儿，没有侧切，也没有撕裂。

出院之后，我和一些朋友分享自己的生产过程，她们一边感叹我的运气绝佳，一边表示果然有日常健身习惯的人非常好生。她们说的都对，但又并不全对。完美的生产需要极大的运气，需要身体具备一定的基础条件，但还有一个秘密她们可能不太相信，那就是愿景的作用。

POV愿景心理学创始人恰克博士曾说："任何你百分百想要的东西，都会轻易地和自然地降临到你身上，但是，如果你有其他的议题或信念，那些属于小我的部分，将会耗费你很长的时间来实现你的目标。"在《秘密》一书中，朗达·拜恩也多次表达了相同的观点："如果你可以在心中见到它，你最终也将会拥有它。"关于完美生产的过程，我已经在心里演练过无数次了，当它如愿到来的时候，我并不觉得有丝毫意外。

期盼是一股强大的吸引力，它能把事物拉向你。正如鲍勃·普克特所说："'渴望'把你所渴望的事物联结起来，'期盼'则把它拉近你的生命里。"想有一场完美的妊娠，你必须在深层意识中树立自己可以做到完美的信念，因为你的生命其实是一面镜子，它会持续反映出你的主要思想。每一个你当下的思想其实都在创造你的未来，这就是我们都熟知的"吸引力法则"。

当然，一厢情愿地要求"任何事情都会进展得很顺利"，这种想法并不能称之为乐观，明知道情况并不乐观，还一味地认为事情会顺利发展，且不去准备任何相应对策，这和把头埋进沙子里的鸵鸟没有什么不同。我们需要做的，只是在现有的条件下，最大限度地去除潜意识中的"限制性信念"，找回力量，让我们的思想变成实物。

对自己的生产念什么"咒语"

心理学博士哈尔·厄本在自己的著作《积极的话语有效的结果》中提出："话语不仅可以制造情感，还可以制造行为，而行为可以决定人生的结果。"这段话提示我们，千万不要小瞧语言的力量，语言会改变我们的大脑结构，制定我们的内在规则。甚至是自言自语那种没有说出来的话，也会因为在我们脑中的呈现，释放出与之相匹配的能量。

人们对体育竞赛的结果非常关注，这使得很多其他学科的专家也在研究，究竟是哪些因素决定了运动员们在赛场上的表现。语言学家和心理专家们通过研究发现，一个人在日常表达中的用词，能够预测他参与体育竞赛的结果，这项预测的准确率竟然超过85%。

语言学家根据每个词所代表的情绪和心理状态给词汇赋分，例如，"累""辛苦""很难"等词意味着负面的评价，根据程度不同，它们被赋予-1、-2、-3等负值；而"很棒""不错""精力充沛""有信心"等词被赋予正分，如1、2、3、4，等等；除此之外，一些没有太多感情色彩，情绪中立的词被赋予0分（在语言学上这种方法被称为"语义分析"，在后面的很多内容里我们还会提到这种方法）。以这种打分策略作为基础，语言学家们将足球队的赛前采访录音整体打分，包括球队教练、队员、队医等，得分越高，说明整个队伍对于比赛过程更积极。相反，得分越低，则说明球队自己在"唱衰"比赛。

就这样，语言学家们根据赛前采访做语义分析，得到了预想之中的答案，即：在语义分析中得分更高的球队，在比赛中获胜的可能性也越大。

这种预测方法在美国也被用于总统选举当中，语言学家们对总统候选人的竞选演讲整体赋分。在最终的票选当中，采用更多积极词语、在演讲的语义分析中得分更高的候选人，有着更大的当选概率。

同样，语义分析还被用于婚姻关系和存续时间的预测，心理学家洛萨达将夫妻双方的对话进行统计并赋分，积极词汇的得分与消极词汇的得分之比被称为"洛萨达比例"。结果显示：当比分高于

3：1时，这场婚姻很可能幸福的延续；而当比分低于1∶1甚至更低时，这对夫妇走向离婚的风险非常高。换句话说，你批评了伴侣一句话，至少需要用三句表扬来平衡这次批评，而如果你的批评和表扬各占一半，那你们的婚姻就岌岌可危了。

我们使用的词汇究竟是如何作用于我们的现实生活的呢？心理学家研究指出：一个人的用词首先会影响情绪，情绪会进一步控制和影响他的行为。试想一下，当你对别人说"哎呀，今天我好困，我很累"时会发生什么呢。基于"累"的感受，你整个人会随之松懈下来，会即刻想到取消当天接下来的行程，想到自己需要休息、去哪里休息，等等。一个词语对我们的影响就是这么立竿见影。当你对自己说："我本来就喜欢吃，孕期肯定会胖不少。"那你就会在美食面前放松警惕，给自己放纵的理由；当你对自己说："我就是很懒，不喜欢锻炼。"那你就会找到很多过往的片段来支持自己"懒"的性格，大张旗鼓地窝在沙发里。

一个有趣的实验证明了词语对于行为的作用有多么直接：1996年，一个心理学研究伪装成记忆研究被展开，两组学生分别得到两组单词，A组得到的是一系列的"好"词，比如和平的、耐心的、合作的和不慌不忙的，而B组得到的则是一组"坏"词，比如敌意的、不耐烦的、打断的等，真实的测验是要评估这两组学生在记忆这两组单词之后会如何行动。

记忆了各自的单词之后，两组学生被要求去楼下一间办公室拿回自己的评分。在被试者不知道的情况下，一位演员扮演的助教刚好来找拿着测试分数的老师，这位演员的工作是不断絮叨自己的个人问题，妨碍学生们拿到分数。为了拿到分数，学生们必须打断两个人的谈话，而在打断之前，他们会被计时。

实验的结果是，记忆了"好"词的A组学生中，没有一个人打断演员，他们就站在办公室的走廊里耐心等待，一直等到演员完成他的表演；而记忆了"坏"词的B组学生，则没等多久就会打断那个假冒的助教。有趣的是：两组学生都说不清楚为什么他们会选择打断或者是选择等待。

对于未知事件，我们的用词就是一种对自己的"定义"，我们的大脑会开始自动挖掘论据。在生产面前，很多女性缺乏最基本的信心，她们对于生产的展望充满了紧张、恐惧、害怕等负面词，而不是放松、勇敢这样的正面词。当我们采取了"恐惧"这样的词，在内心对话里跟自己说："我害怕生孩子，过程太恐怖了，不敢想。"我们的大脑就会自动去挖掘那些会带来紧张和恐怖的论据，比如"我的骨盆条件不够好""我的妈妈生我的时候就是剖宫产""我的医生今天看产检报告的时候皱了一下眉""我好像对疼痛很不耐受"……

我们的内心会在负面词的影响下不断失去力量，直至我们的感官和思维都开始向困难妥协。对于特别需要抗压能力和忍耐力的妊娠过程来说，这种妥协很容易让事情导向我们不想要的结果。事后，我们还会用我们并不期待的结果去再次支撑我们负面的思考，像是"你看，我就说我忍不了疼，我不擅长生孩子，果然这么不顺利吧"等。

当你想明白了"词语—问题—情绪—结果"这条能量的传导链，你就会发现其实正是我们的"内心对话"书写了事情的结果。在产前听说过的那些难产的故事，影视剧中对生产艰辛的刻画，其实都在悄悄推动结果向我们害怕的地方推进，我们在大脑中所用的词，真的"预言"了我们的生产方式。

关注你对自己使用的词，关注内心对话，那其实就是你对自己的生产念的"咒语"。

整个孕期，我不断向大脑灌输着"顺产，无侧切、无撕裂"这样强烈的愿望，我的大脑也应邀向我输送能导向这一结果的思路、方法、心理状态。我更多的关注身边顺产的朋友们的经验，从中学到值得自己借鉴的部分，对于不顺利的生产我会告诉自己那只是小概率事件，并不一定会在我身上发生。我按时锻炼，提升盆底肌的力量。我寻求各种能够帮助我实现顺产的方法，包括喝覆盆子茶软化宫颈，提前上医院的辅导课了解产房的功能；包括被助产士反复称道的我的用力方法，也是我在产前做足了功课，并在心里经过了无数次演练。

好的词语还能帮助我们更好地寻求身边人的支持，当身边的人发现我们描述自己的语言是始终积极的、阳光的，大家不仅更愿意靠近你，也更容易信任你的决心，并帮助你一起实现生产的目标。

看到未来：将你的愿望具象化

曾经有六年体育记者的经历，让我得以和国内外一流运动员们亲密接触，并有机会关注他们在场上、场下的真实表现。我们都知道，在体育领域，竞争是相当透明和直接的，过程也相当残酷，而到了世界级比赛舞台上的选手，实际上技术水平和实力的差距在毫厘之间，最终决定胜负的其实就是走上赛场时选手的心理状态。在采访了不计其数的世界冠军和奥运冠军后，我发现，绝大部分能够问鼎金牌的选手，在他们的心中这个结果都不是意料之外的。成功者会将自己对冠军的渴望编织成画面，不停地在内心里播放，而到真正获胜站上领奖台的时候，那种喜悦的感觉反而因为熟悉而平淡了不少。

运动冠军这种心理就是"具象化"：为自己设置好的图景，将期待的样子"具象化"，从而在心里看到未来。

"具象化"有点像冥想，它需要你高度集中注意力，在脑海里想象出你希望发生的画面，相当于体育比赛前的热身。我们需要对自己的生产过程提前热身，这么做的意义至关重要。

一方面，通过提前在脑中"预演"那些关键时刻，你能极大降低内心的恐惧和紧张感。当生产来临的时候，你不至于再因为害怕本身而耗费多余的力量，多次的内心"演练"，让你得以保持镇定，轻松应战。

另一方面，如果能预见到事情是怎么发生的，你实际做起来的时候就会容易得多，不会措手不及。把注意力投注在未来将发生的一件事情上，尽量详尽地想象你希望事情发生的样子，包括每一个细节，例如：你会在温度适宜的产房里开始生产，阵痛来得很有规律，但在你可以承受的范围内；在阵痛的间隔，你得到了短暂的休息；助产士们的眼神充满温柔的鼓励，你的丈夫始终在身边支持你……当生产真正到来的时候，因为提前构建的具象化想象，你已经很熟悉种种情况了，也为可能发生的事情做足了心理准备，这将大大提高你顺利生产的概率。

事实上，具象化的方法在西方已经被用于临床很多年，在美国、加拿大、澳大利业等国，导乐（doula）会帮助你构想整个生产过程，利用幻想将快乐、自信和幸福的妊娠及分娩画面一一勾勒出来。

对于妊娠的具象化想象，不仅可以减轻宫缩带给你的疼痛，还能帮助你在分娩过程中建立自信、勇气，并集中注意力，从而顺利生产。澳大利亚物理治疗师Mary O'Dwyer有着超过30年的临床经验，她的第一次妊娠不仅注射了盐酸哌替啶（杜冷丁）缓解阵痛，而且最终侧切分娩。经过多年在临床推行"幻想妊娠法"后，她从根本上改变了自己的内心地图，在之后的两个孩子分娩时，采取了纯自然分娩，避免了药物和手术操作的干预，过程也十分顺利。

我很推荐准妈妈们在生产之前，参加一些产前培训班或者是培训课程，例如"走进产房""妊娠的秘密"，等等。提前了解在生产时所处的环境、产房的设备和工具，都将有助于你在想象中"看到"全过程，减轻紧张感。

当然，面对生产，你不能让自己对"一切顺利"过于执念，也得为突发情况做好准备。如果宫缩带来的疼痛超出了你的想象怎么办？如果坚持了很久医生却告知你必须顺转剖怎么办？如果中途你感到力气耗尽，而孩子的胎心正在变弱又怎么办？具象化其实是让你做好最全面的热身，预计到所有可能出现的情况，在心里看到：无论发生什么事，我都能沉着应对。

Knock，knock，产后抑郁

· · · · ·

　　产后抑郁的高危人群，并不是我们臆想中"性格软弱"，甚至是"娇气"的女性。恰恰相反，那些性格要强，推崇独立，拥有自己事业的职场妈妈们，更容易受到产后抑郁的威胁。美国社会调研的结果描绘了产后抑郁高危人群的画像：她们生活在大中型城市，学历高，收入中上，通常拥有自己的事业，对事认真，对自己要求很高，责任感也很强。

"为什么是我？"——产后抑郁高发人群画像

　　我仿佛有两个自己，一个是伟大的妈妈，一个是幼小的自己，我知道我作为妈妈应该做的一切，我也全力以赴地去做好，可是那个幼小的自己却常常躲在背后哭泣，无论怎么哭喊、嘶叫，都无人理睬。面对孩子，我可以发自内心地逗她笑，可一转过身，我就表情阴沉，呆若木鸡。

　　我必须承认，我还是被产后抑郁击中了，我不知道这个概率有多大，也不知道我这种人算不算是高危人群，可自认为性格随和、生活无忧、家庭和谐的我居然也会抑郁。我想，可能这个概率还是挺大的吧。

　　我开始怀疑生活的意义，倾我所有要做一个好妈妈，可却越来越讨厌这样的自己。邋遢、消极、暴躁，一个充满负能量的妈妈又能给予孩子什么呢？有那么一瞬间，我觉得自己完了，生活也不会好了，想过离婚，想过死亡，然后又很害怕自己怎么会冒出这样的念头。

——摘自ccDaily的微博

cc是我的朋友中较早有小孩的，她天性温柔、目光清澈，配上大眼睛、娃娃脸和从容不迫的性格，都给人一种很舒服、很优雅的感觉。婚后没多久，cc辞职成为全职主妇，回归家庭的她角色转换很快，将小日子安排得唯美又精彩。她眼神里的光芒和浑身散发着的温暖，每每让人禁不住赞叹她的幸福。当她用平静的语气讲述自己是如何被产后抑郁击中，又度过了怎样黑暗的岁月时，我真的很难相信那是发生在她身上的故事。可能在我们的想象中，远离职场的全职妈妈是压力最小，离产后抑郁最远的一群人吧。

我在生产之后，也经历了一段非常纠结的"产后抑郁抗辩期"，因为生产过程非常顺利，宝宝也非常乖巧，加之我对自己的内心强大有着某种盲目的自信，所以连自己也很难相信，产后抑郁会找上我。同时，就在我已经被抑郁的阴霾笼罩的时候，我呼救的声音对外界来说显得"不够严肃"，每次我说"我抑郁了"或是"我觉得我有产后抑郁"，丈夫都会觉得那是在日常争吵中用来

"战胜对手"的策略，他会说："你把全家都弄抑郁了，你自己也不能抑郁。"内在和外在的声音，让我一度很怀疑自己究竟是真的抑郁，还是书读多了之后的矫情，而恰恰就是在这段灰色的"抗辩期"里，我抑郁的症状在不知不觉中加重了。

我在还没有生下宝宝的时候，偶有跟身边的朋友们聊起产后抑郁的话题，什么有了孩子之后的家庭战争、各种关系的矛盾，总会觉得"那在我身上不会发生"，在还没有经历产后抑郁时，解读这些矛盾，总会理出一些解释的套路，例如"都是丈夫不够体贴""都是家里人手不够""都是新妈妈自己内心不够强大"，或者"都是身边的人没有更多理解"，等等。然而，在真正被抑郁击中后，我才明白，产后出现的种种外部战争，只是罹患产后抑郁的妈妈们内心挣扎的外部表现。没经历过的人，很容易用一般的看待家庭矛盾的视角来解读它们。产后抑郁来势凶猛，其实已经从底层认知层面，摧毁了新妈妈的意志，新爸爸也是抑郁的受害者之一。

研究显示，超过80%的新妈妈在产后第一周会出现情绪上的消沉（也被称为婴儿忧郁症，英文作baby blues），轻度的消沉一般会在产后1—2周之内消退。典型的产后抑郁症常在产后4周左右开始出现，也就是从我们中国女性出了月子开始，抑郁的症状会逐渐增强，表现也会趋于明显。持续时间长是产后抑郁的一大特征，对大部分抑郁妈妈来说，产后抑郁可能持续一年，更有甚者会持续多年，直到孩子上幼儿园。因此，对于新妈妈的格外呵护和关注，需要持续至少一年的时间。

产后抑郁的高危人群，并不是我们臆想中"性格软弱"，甚至是"娇气"的女性。恰恰相反，那些性格要强，推崇独立，拥有自己事业的职场妈妈们，更容易受到产后抑郁的威胁。美国社会调研的结果描绘了产后抑郁高危人群的画像：她们生活在大中型城市，学历高，收入中上，通常拥有自己的事业，对事认真，对自己要求很高，责任感也很强。

那么，为什么看上去内心强大的"大女人"们反而更容易陷入产后抑郁的泥淖呢？

其一，跟那些在怀孕前就将主要精力投注到家庭中的女性相比，职业女性通常在孕前更加忙碌，过着快节奏的生活，而生产很像是对一架快速运转的机器突然间按了暂停键，是线性生活中的"非线性变化"。在物理空间上，职业女性离开了办公室，从职场大舞台回到了家庭小花园当中；在心理体验上，她们剥离了丰富的人际关系和充实的内心体验，回归到简单甚至是单调的日常生活中来。

像是很多习惯了常年忙碌的职场精英们，一旦真正有了休息的机会，反而会感到无所适从一样，心理层面上"由紧到松"的巨变是引起职业女性在产后不适应的最主要原因。孕前和产后的生活状态变化越大，越容易因为不适应而产生抑郁，小部分适应性较强的女性，会把握机会好好休息一下，而大部分人会因此陷入迷茫，感到苦闷和不知所措。

其二，在职场上表现出色的女性通常会很好强，对自我管理相当严格，更有不少职场妈妈有着完美主义和理想主义的倾向，这种"高标准、严要求"的性格也会在"妈妈"的角色上全面释放——她们对哺育孩子有着极高的期望值（这种期望值有时候她们自己甚至都意识不到）。在潜意识里，她们不允许自己在生孩子这件事上犯错和失败，这导致了她们容易求全责备，在孕育孩子的过程中不断感受到挫败感。

其三，习惯了职场打拼的职业女性，多少都具有"目标导向"的性格，她们习惯了"建立目标—努力实现目标—建立更高的目标"的发展路线，但当怀着巨大的期待走过怀孕的十个月后，忽然的"丧失目标"会突然间让她们患上"燃尽综合征"。"燃尽综合征"原本是用来形容一个人或一个群体，在历尽了千辛万苦后，终于达到了预定目标时，突然失去了前进方向而产生的一种无助的失落感。好比运动员历经层层选拔，击败了实力强劲的对手，终于获得了冠军，却往往会在短暂的狂喜之后陷入空虚一样。

怀孕时，顺利生产的目标是她们源源不断的力量来源，身边的人也会因为她们正挺着孕肚而处处照顾，给她们一种"我正承担着重要任务"的使命感。生产之后，身边所有人的注意力自然更多地转向新生的婴儿，产妇的生产使命感被瞬间清空。虽然新妈妈因为哺乳和照顾婴儿，会比在怀孕的时候更加忙碌，但对自身的注意力，却被快速抽干了，像是心里一把熊熊燃烧的火焰被突然间扑灭，留下无尽空虚。"燃尽综合征"很像是一场大型的慢性炎症，放大了她们对未来生活的恐慌。

第四，"自我意识过剩"也使得职场妈妈更容易被产后抑郁击中。"自我意识过剩"是一种隐私性强的敏感，具有这种人格的人自尊程度较高，遇事时会第一时间往自己身上归因，像是"我做错了什么吗？""我怎么会弄错呢？""我是个坏妈妈吗？"……当一个人时常感觉到很多人在关注着自己，并对自己的行为指手画脚的时候，她就很容易变得过度紧张而出现抑郁的症状。

最后，对于那些有自己独立事业的女性而言，在职场上"表现得像个男性"常常是一种优势——刚强、独立、凡事自己扛的性格，让她们在工作中独当一面。对于这样的"大女人"来说，因为习惯了坚强，就会在心里认为，向人倒苦水是一种软弱的表现，当她们在生产和哺育中感到脆弱、无力时，更容易将自己负面的情绪压抑和内化，最终憋出内伤。

当然，不仅是职业女性，时代的发展为女性带来了更强的自我意识、独立意识，这都会让生产——这件会大举倾轧到我们"自我"的事情，给我们造成巨大冲击。此外，曾经有过产后抑郁的女性再次患产后抑郁的风险尤其高。

产后抑郁的成因

多年以来，心理学专家们持续研究是哪些因素造成了产后抑郁。虽然产后抑郁和产前的生活状态、产妇性格以及家庭情况，以及基因遗传息息相关，但激发产后抑郁从一种暂时性的状态最终成为产后抑郁症的，其实是一系列非常复杂的主客观因素。这些因素相互作用，产生融合反应，有些影响因子甚至像是蝴蝶效应一般，从最初一个非常偶发的小事件，最终激起一场巨大的内心风暴。

除了激素等在内的一系列客观原因之外，外在形象的改变（臃肿的身材、产道的松弛、皮肤紧致度下降等）、生活状态的变化（承担照顾婴儿的重任、睡眠时间锐减、自身生理不适等）、家庭关系失序（夫妻关系、婆媳关系、婴儿喂养理念冲突等），都是引发新妈妈们产后抑郁的重要原因。

研究者们还发现：对丁这一系列外在状况的"回避"，最终导致我们的情绪失控；对于生活改变的回避试图，让我们和痛苦的体验隔离开的同时，还给自己带来巨大的孤独感和无望感。

弄清产后抑郁的成因，识别出其中的可控因素，并及时加以干预；对于生产后各种变化提前准备，建立情绪的自知力，都可以不同程度地预防产后抑郁的发生和加重。

1.激素骤变

女性天生比男性更容易患上抑郁症。一方面，女性本身就比男性更加敏感，精神体验更为丰富；另一方面是，女性的一生都受激素的支配，在月经、妊娠、分娩、闭经等时刻都会经历激素的波动。

试着回想一下，每次来月经之前我们会产生的情绪波动吧：感到莫名的倦怠、敏感，心情低落，很容易发脾气。妊娠给我们带来的激素变化，是月经时的上千上万倍。妊娠带来的激素变化是女性一生中面临的最严峻的一次"激素考验"（其次是更年期、月经），在这一激素的大变动过程中，稍有失调，就会带来内分泌的严重失衡，让我们的情绪像是蹦极一般，从高空直接落到地面。

从我们怀孕开始，体内的各种激素便不断发生着变化，比如雌激素和黄体酮大量分泌，帮助胚胎健康发育生长。在生产之后，用于生产的激素急剧减少，而促进泌乳的激素又快速增加，神经系统的稳定性在短时间内被打破。不少产妇发现，怀孕时的容光焕发，在生产后似乎一夜之间全消失了，镜子里的自己黑眼圈严重，肤色暗淡无光——这正是雌激素骤然减少的表现。此时，体内激素不仅仅是回到了怀孕之前，孩子的降生还带走了不少原本的体力，使我们的机体处在对于精神压力的耐受力最低的时期。这给产妇的精神状态造成根本性的影响。

国外的一项系统性研究，对27名孕妇进行了激素的追踪检测，时间从产前3—5周到产后5—10周。研究发现：在生产之前，胎盘类固醇（胎盘激素的一种）的释放会达到最高值，使产妇情绪高涨，心情愉快，而在分娩完成之后，胎盘类固醇的分泌出现急剧下降，产妇的情绪也逐渐出现低落、沮丧等表征。在27名孕妇中，孕激素下降幅度与抑郁量表的得分呈现出明显的正相关，也就是说，产后孕激素的下降幅度越大，产后抑郁的可能性也就越大。

2.社会化期望和落差

实际上，抑郁的产生是由于你的生活方式和价值观持续不符。

从怀孕到生产的过程中，出现的每一次结果与预期不相符的落差，都可能跟激素的变化相互激发，造成抑郁症状。

不能否认的是，我们每个人的大脑中都有一系列的文化规范和社会期望，大部分人都尝试着去遵从这些期望，从而达到一种与社会规范的吻合，但偏差的出现在当妈妈的整个过程中几乎不可能避免。

对成为妈妈之后生活的简单想象，和真实的复杂状况之间的偏差；对自己身为"妈妈"这一角色的想象，和具体实施中的种种困难之间的偏差；对于孩子的种种期待和想象，和孩子出生后的真实表现之间的偏差；对于家人、社会的反馈，在生产前后的偏差。

这些偏差有些会高于我们的期待，但也有很多会达不到我们原本的期待，而接受落差、与落差共处的能力，决定了我们罹患产后抑郁的可能性。

3.身体状况频出

为了生出孩子，我们用尽了力气，周身的骨骼肌肉都像是经历了一场地震。在生产之后的一段时间，我身体的不同部位像是排好了顺序似的轮换着疼。

哺乳这件事，更像是横亘在产妇面前的一个大坎儿，让很多产妇着实感受了一把"屋漏偏逢连夜雨"的苦闷。还记得我从医院回到家的最初几天，第一次要承担哺乳重任的乳头被孩子嘬得蜕了一层皮，而新皮还未长出，就又要开始新一次的哺喂，最严重的时候，就是奶水混着表皮的血水一起往外渗；涨奶的痛苦每隔几个钟头就要来一遭，奶水溢到副乳，牵动得整个胳膊抬不起来，更不用说乳腺炎引起的高烧和疼痛；加之每次伴随哺乳的强烈宫缩，更是疼得让人绝望。难怪主持人朱丹在描述自己初哺乳的日子时会说："看到孩子过来就想往后躲，想说'别过来，别过来'。"

除了身体的病痛，产妇的睡眠少得可怜。有些乖巧的宝宝一觉能睡2—3个小时，新妈妈的睡眠还可以叫作"碎片式"；而遇到睡渣型的宝宝，夜里不断地折腾让人干脆颠倒了黑夜和白天，新妈妈的睡眠就直接从"碎片式"降级为了"碎末式"。持续的缺觉带来的直接结果，就是身体的疲惫无法消解，进入恶性循环，怪不得很多新妈妈都声称，"能睡一个自然醒的觉"成了生孩子之后最大的奢侈。睡眠缺乏对于精神状态的摧毁立竿见影。

此外，生产对盆底功能、腹直肌的影响更会给产妇带来额外的心理负担。盆底肌松弛会引发漏尿、尿频甚至子宫脱垂，而腹直肌分离会让我们失去了腹部最核心的力量。"那时候一打喷嚏尿就从下面出来了，吓死我了。"这是我一个刚生过孩子的朋友最形象的描述。盆底肌松弛还有另一个诨名——"社交癌症"，当逛街逛到一半突然尿急，或是跟朋友们下午茶正欢却急忙要回家换裤子的时候，你大概就能理解这种"社交癌症"是如何让人无助了。

"身心灵一体"的理论告诉我们，身体是精神的主导者，是基础。在产后身体最虚弱的时间段里，我们的精神自然也进入到手无寸铁的阶段，给抑郁可乘之机。不过，面对身体的疼痛也不必太过悲观，只要熬过最初的十几天你就会发现，尽管不时还是有新的小问题冒出来，但身体的总体状况一定是一天好过一天的，痛苦不会持续太久，你需要在最黑暗的时候告诉自己："这些都会过去的。"

当然，这一系列身体状况的走低，也并不是完全不能预防和杜绝的。我认识一个在产前坚持力量训练，在生产之后身体几乎没有任何负面感受的辣妈。她曾笑着对我说："我只是把产后要受的那些罪，放到产前健身房里受了。"你瞧，身体总是会回报我们的付出。

4.生活失序、角色冲突

曾经无论是工作日还是休息日，早晨起来都有15分钟的"咖啡时间"——手磨咖啡配上一块香甜饼干，一整天仿佛才真正开始。生产后，这样悠闲的"咖啡时间"一去不复返了。失去与自己独处的时间，还只是生产之后"生活失序"的冰山一角，孩子的到来会彻底颠覆你过去的生活方式、日常安排，搞乱你的时间表。规律能给人安全感，是因为在你做一件事的时候，你知道接下来的安排。然而，与最不可控的小家伙在一起时，你得做好随时应对突发状况的准备，有时候你会忘记吃饭，有时候你甚至不记得自己昨天做了什么。很多计划赶不上变化的情况，会持续给你带来挫败感，也会动摇你对生活的掌控权。这是产后抑郁偷偷萌芽的地方。

此外，孩子的到来改变了家庭的结构，爷爷奶奶、姥姥姥爷、其他亲戚以及育儿嫂的加入，要求新妈妈和新爸爸在适应父母这一新身份的同时，还要扮演更多的角色（子女、雇主等），无法在不同角色之间灵活转换，就会让我们感到混乱。在社会学中，这种心理反应叫作"角色冲突"。孩子的出生给小家庭带来更多的人际事务，新妈妈由于是育儿的"第一责任人"，当出现沟通障碍、情绪冲突、行为模式上的理念不同时，自然就会成为问题的中心。家庭结构在变化过程中，如果加入了在以前就累积的很多微创伤，尤其是与婆家或者自己的父母如果曾经就有积压下来的矛盾，更可能借着这个时机爆发，成为产后抑郁的导火索。

5.原生家庭的影响

有人说："对自己的挑剔其实是对父母的愤怒，对孩子的挑剔其实是对自己的不满。"

一些产后抑郁的症状和新生的婴儿有关，例如感到孩子脾气大、爱哭闹，夜哭夜醒牵扯精力，小婴儿没有互动让新妈妈找不到母爱的感觉，等等。尤其是对于那些在自己的原生家庭中有一些创伤体验的新妈妈来说，孩子的出生会将自己与父母之间的关系裂痕再次暴露出来，将自己童年时的一些不愉快的经验映照进来，从而产生对育儿和未来亲子关系的忧虑、担心和害怕。这些负面情绪如果不及时疏导，也很有可能会激发产后抑郁。

6.小结

事实上，大部分人在人生的某个时段都会经历不同程度的抑郁，抑郁是由对情感挑战，以及困难现实的回避所推动的，让你逃避那些让你觉得很难应付的情感挑战。当你抑郁的时候，你的情感世界在范围上收缩，让你产生对生命的麻木感和解离感，在这个过程中，抑郁其实在为你服务，让你可以暂时逃离痛苦。

　　所以，也有专家提出，产后抑郁对产妇也有一定好处——它会强迫你休息，重新积蓄能量。

　　尽管抑郁在某种程度可以作为保护墙，让我们暂缓处理困难的问题，但如果不能在一段合理的休息时间之后振作起来，它对你生命的影响就会是负面远远高于正面的。

如何鉴别产后抑郁症

产后抑郁症的特征是"忧郁""不安""焦躁"和"没有任何欲望"等几种精神症状同时出现，单独的一项并不构成产后抑郁症。以下这些症状，持续超过两周以上且没有减轻，那很可能就是产后抑郁的明显信号了。结合本文之后的附表，可以完成对自己抑郁情况的简单自测。

1.任何时候都感到疲劳

疲劳，就是身体的倦怠感，由于难以消除的疲劳感而引发的症状，就是"慢性疲劳综合征"。"不论怎么样总是感觉睡不够""说话和吃饭也感到很累""整天头疼"是慢性疲劳综合征的典型症状。事实上，单纯的疲劳是可以通过充分的休息来缓解和终止的，而长时间的慢性疲劳则需要治疗。

除了疲劳，身体长时间疼痛也是抑郁症的信号，比如头皮发胀、肩颈僵硬、早晨起床特别困难、每天都没有精神，就可以考虑是抑郁症的初期表现。

当然，疲劳感往往也是很多疾病暴发的信号，比如糖尿病、贫血等，如果不仅出现疲劳，还伴有尿量增多、心悸等症状，就要去医院进一步检查和治疗了。

2.睡眠障碍

每隔2—3个小时哺乳和婴儿夜哭导致了产妇的睡眠质量直线下降，但一些产妇在仅有的睡眠时间里仍然无法入睡，好不容易睡着了也容易醒，且在睡觉时总爱做梦，或是会说梦话、容易惊醒等，这常常令产妇在起床后更加疲惫不堪，像是没有睡觉一样。

长期的失眠、睡眠障碍是产后抑郁的信号之一。

3.欲望减退

食欲是我们生命最基本的欲望，然而，很多新妈妈在产后反而会没有胃口，甚至没有一点想吃东西的欲望。以前喜欢吃的东西，现在也提不起兴趣。如果吃东西这种基本生存能力都丧失，那么你很可能已经患上了产后抑郁症。

除了食欲，对于工作、生活、娱乐……很多令人开心的事情丧失了兴趣，觉得什么也不想干。像是原本是个很时尚的人，生产之后对穿衣服的选择也不在意了，不注意化妆，懒得出门，特别是在可以出门休闲的时候，也只愿意无所事事地待在家里，不愿意社交、自我封闭，等等。欲望减退也表现在新妈妈对待孩子的态度上，如果注意力涣散，对宝宝冷淡，那她很可能已经患上了产后抑郁症。

4.负面思维，容易哭泣

曾经面对事情还能够客观对待，但在生产之后每每遇到问题就会有一种持续的悲观，认为"怎么做都不行"。负面的思维用得多了，就会产生"做什么都没有兴趣""自己毫无用处"的自我否定，更严重的时候还会产生"自己没有生存价值"的感受，甚至想到自杀。无助感的累积是产后抑郁症的主要诱因之一。

听到略微伤感的音乐就想哭，或者莫名其妙的事情就想要流泪，很难在日常生活中找到快乐的感觉，对事情的看法趋于悲观和消极，也是抑郁症的显著特点。

5.情绪起伏很大

因为一点儿小事就大为光火，压制不住自己的脾气，容易陷在让自己生气和难过的事情里走不出来，难以把控自己的情绪，都是产后抑郁症的典型特征。产后抑郁症不仅仅是向内的"抑郁"，还表现为向外的"暴躁"，双向的力量形成"产后躁郁症"，不仅伤害新妈妈自己，也危及夫妻关系和家庭的和谐。

产妇的情绪很容易受到外界因素的左右，比如天气的变化、饭菜是否可口、丈夫归家的时间，等等。这些本来微不足道的事情，在新妈妈眼里会被无限夸大，或者，有一点点不满就心绪难平，无法做到将情感和想法剥离。这也是产后抑郁症的典型表现。

附表：爱丁堡产期抑郁量表

请选出一个最能反映你过去七天的心理感受的答案，选项A、B、C、D对应的得分依次为3分、2分、1分、0分，将总分相加即得到你的测试分。

1.我能看到事物有趣的一面，并且能笑得很开心。

A.完全不能　　　　　　　　B.肯定比以前少

C.没有以前那么多　　　　　D.和以前一样

2.我欣然期待着未来的一切。

A.完全不能　　　　　　　B.肯定比以前少

C.没有以前那么多　　　　D.和以前一样

3.当事情出错时，我会不必要地责备自己。

A.大部分时候这样　　　　B.有时候这样

C.不经常这样　　　　　　D.没有这样

4.我会无缘无故地感到焦虑和担心。

A.经常这样　　　　　　　B.有时这样

C.极少有　　　　　　　　D.一点也没有

5.我无缘无故地感到害怕和惊慌。

A.相当多的时候是这样　　B.有时候这样

C.不经常这样　　　　　　D.一点也没有

6.很多事情冲着我而来，使我透不过气。

A.大多数时候你都不能应付

B.有时候你不能像平时那样应付得好

C.大部分时候你都能像平时那样应付得很好

D.你一直都能应付得好

7.我很不开心，以致失眠。

A.大部分时候这样　　　　B.有时候这样

C.不经常这样　　　　　　D.一点也没有

8.我感到难过和悲伤。

A.大部分时候这样　　　　　B.有时候这样

C.只是偶尔这样　　　　　　D.没有这样

9.我不开心到哭。

A.大部分时候这样　　　　　B.有时候这样

C.只是偶尔这样　　　　　　D.没有这样

10.我想过要伤害自己。

A.相当多时候这样　　　　　B.有时候这样

C.很少这样　　　　　　　　D.没有这样

结果解读：

总分9分以下：基本为正常。

总分10—12分：有可能是产后抑郁症，需要注意并追踪，近期内再次评估或找专业心理医生咨询。

总分超过13分：极有可能已经患上产后抑郁症。

抑郁和不抑郁时的思维方式是不同的

· · · · ·

正是因为有过第一个孩子的"小心翼翼"之后，很多妈妈都发现，当初的种种担心和控制，其实大部分是没有必要的。孩子有自己的生长和发育节奏，那些让我们对未来"过于担心"的种种，最终都成了生活中的寻常事。

认知谬误改变了我们的思考方式

　　产后抑郁的新妈妈会闷闷不乐，情绪躁动，还记得我在产后每每脾气暴躁、大为光火的时候，我的老公总是会说："你控制一下情绪。"

　　然而，"情绪"是可以被主观控制的吗？或者，产后的"情绪"为什么变得如此容易失控呢？

　　事实上，情绪大幅度波动只是产后抑郁的一种外在表现罢了。产后抑郁除了在化学层面上作用于我们的身体（血液、尿液和脑脊液中的神经递质代谢分子含量非常低），更会作用于我们的"认知层面"，包括对母亲这一角色的深入思考，也包括关于生育的深层次梦想、价值、希望和信仰的思考。

　　在任何顶尖的体育赛场上都会发现，一流选手们最擅长做的一件事就是能够"控制"自己的情绪。在千钧一发的关键时刻，只有一流选手才能做到不受外界干扰，出色发挥。如果你认识一位一流的运动员，你就会知道，在外人看起来强大的"情绪控制力"其实并不存在，因为控制情绪这件事情就像是"不要去想粉红色的大象"一样，是我们无法对大脑施加的指令。当你反复对自己说"别紧张"，反而会因为将太多的注意力放在情绪上而更加难以做到。

还记得我在之前的章节中讲过的"ABC法则"吗？是认知过程B，而不是事情A，最终导致了情绪C的产生。我自己的经历是，在刚刚完成了生产，还没跟自己的小宝贝温存多久时，就被医院告知，新生儿白细胞值较高，需要住院观察并进行抗生素治疗。方才离开母体就被放到保温箱里的小家伙，当然让我无比担心。我拼命回想，可能带来婴儿白细胞过高的原因——比如没有及时发现自己"见红"，羊水破了很久之后才赶到医院，生产中上了硬膜外麻醉……总而言之，是自己的疏忽大意，导致了孩子宫内感染，我由此产生了强烈的自责情绪。

A.婴儿白细胞高，入院治疗

B.生产过程中自己疏忽大意

C.自责、愧疚、悔恨

这是由婴儿入院治疗所导致的我出现一系列负面情绪的过程。

然而，事实却是这样的：新生儿刚刚离开母体，对病毒、疾病的抵抗力弱，外界的一点点刺激，都会让他们的免疫系统调动起来，因此白细胞值在出生一周以内可能并不稳定，常常都比正常值要略高。如果其他生命体征正常，只需要观察一周，再复查血常规就可以，并不是什么值得格外关注的大事。所以，真正的"ABC法则"应该是这样的：

A.婴儿白细胞高

B.婴儿自身免疫反应，常见

C.平静接受

你看，正是由于对事情的"认知谬误"，才导致了我一系列的情绪变化。所以，在产后强调"情绪管理"，对情绪施加号令，不是明显舍本逐末吗？

产后的角色变化带来了巨大的认知变化，让我们思考问题的方式也发生了翻天覆地的改变，这让我们的逻辑思维层面会出现很多"认知谬误"。

在心理分析学中，人类的大脑活动可以分成两大类：一类是理性思考，另一种是情绪性思考（也叫作"反应心理"）。理性思考很像是做数学题的时候我们大脑的运转状态，逻辑性强，有前后的根据，可以被分析和预测；情绪性思考则不依据客观事实和逻辑，就像一个不懂事的小孩，阴晴不定让我们无从把握。在产后，我们理性思考的比例大大降低，而情绪性思考则甚嚣尘上，这使得我们的大脑在遇到一些事情时，甚至会直接跳过认知环节，干脆来一场任性的情绪反应。

从怀孕到产后，我们一直在强调乐观和悲观的问题，悲观者的特质非常明显：他们相信坏事都是自己的错，坏事会毁掉自己的一切，且会持续很久。下面这个表格，清楚地表明了悲观者和乐观者在思维层面上的巨大差异。

	责任人	时间	空间
悲观者	自己的错	永久的	全面的
乐观者	不是自己或自己只有部分责任	暂时的	局部的

虽然我们从小就被教育，世界上除了黑色和白色，还有很多的中间色，但简单粗暴、直截了当的"二分法解读"往往在悲观者的意识层面占据上风。

失真的想法和悲观思维，是产后抑郁在思维层面的最显著表现。所以，去了解我们在产后抑郁时的思维方式，尤其是了解我们思维中枢中的"认知谬误"，是我们管理情绪的必经之路。

心理学在过去20年里最显著的发现就是：人可以选择他想要的

思考模式，我们需要做的只是用心坚持训练。本章接下来的内容就是我结合心理学观点总结的一些产后常常会出现的"认知谬误"，以及常见的会直接导致悲观情绪的思维习惯，新妈妈们可以一一对照，看看自己在哪一条上中了招。

渴望成为完美妈妈

　　林冬是国内名校毕业的研究生，对自己一直以来的高标准、严要求，这种风格也延续到"做妈妈"这件事上。在读了很多关于育儿的读物之后，林冬被"亲密育儿法"说服了，在生产之前她就决定："要做一个对孩子有求必应的妈妈。"

　　孩子出生之后的前两个月，林冬履行着自己对"妈妈"这一角色的承诺。孩子任何时候哭了，她都会第一时间抱起他；孩子任何时候饿了，她都会马上响应，哪怕是在乳腺炎到来的时候……可是，乳腺炎的疼痛超过了她的预期，医生也建议她降低哺乳频率，偶尔喂一些奶粉。但一看到家人给孩子拿奶瓶过来，林冬就气不打一处来。说到底，她是在气自己，气这个又累又痛又无能为力的自己。无法做到"有求必应"的现实，让她不断自责，很快，抑郁的症状就出现了。

渴望成为完美的妈妈，是绝大多数孕妇的美好心愿，但这样的理想往往会直接导致抑郁症的发生。产后婴儿的需求是点状的，分布在一天24小时，一周7天，全年无休，这要求"完美主义"的妈妈任何时候都要随叫随到，而且情绪还得好，完成度还要高，这样的标准显然不是人类能够做到的。火力全开最终往往会带来深重的无助感，这种无助又与他人无关，完全指向新妈妈自己，最后成了产后抑郁的催化剂。

在做妈妈这件事情上的完美主义，很容易带来"产后强迫症"，比如有些妈妈总会担心自己的奶水不够、担心奶瓶没有刷净、担心孩子晚上踢被子，等等。这种强迫症上身，会让她们反复确认自己的"职责"是否到位，最终弄得心力交瘁。在这个方面，"没心没肺、神经大条"的性格反而天然具有抵抗抑郁的能力。

做完美妈妈的旨意不仅对新妈妈的心理有害，还会给宝宝带去负面影响。有一个对自己要求很高的妈妈，她的孩子直到3岁都不会说话，只能勉强说几个非常简单的字和词。经过分析，心理医生得出了结论：孩子不会说话，恰恰是因为妈妈太完美了。这个妈妈学历高、情商高，在心理咨询的过程中经常是咨询师的下一句话还没说出口，她就替人家说出来了。这种相当强大的"理解力"也被运用在了孩子的身上。孩子在和她相处的时候根本不需要说话，因为还没等说出口，她已经知道了孩子想说什么，并且会在第一时间满足他的需求。最终，完美的妈妈造就了"无能"的宝宝。

鉴于此，英国心理学家维尼科特提出了一个很有意思的概念——"60分妈妈"，实践证明能有效预防和缓解产后抑郁。在维尼科特看来，如果你是一个太好的妈妈，你替孩子考虑到了大部分的事情，取得的结果会恰恰相反，因为你代替孩子完成了他应该完成的事情，你给孩子带去了一种感觉：自己是无能的，而妈妈是全能的。因此，在100分的妈妈和不及格的妈妈之间，推荐大家用"60分妈妈"来要求自己。

希望消灭所有的不确定性

除了期待自己能有完美无瑕的表现，新妈妈往往还期望在生产和哺育这件事上，自己能消灭所有的不确定性。

因为做妈妈这件事涉及的是我们最为关心的一个生命，如果做不好，可能面临着极高的风险——影响宝宝的健康和快乐。与之相对的是，生孩子和哺育婴儿的整个过程却是可控性极低的——宝宝不能理解你的意图，无法听从你的指挥；同时，你还需要快速了解和学习那么多原本不了解的知识——这听起来，本身就具有巨大的不确定性。

在这种情况下，你越想"控制"，你失望的可能性也越高。结合我们之前讲过的"ABC法则"，其实事件A如何并不起到决定性的作用，也就是说，不确定性本身并没有什么不好，只是我们太想把结果控制在自己理想的范围之内，才导致了跟自己较劲。很多时候，不确定性会带来一些惊喜，让我们更加理性地审视自己的生活，但如果因为没有"控制好"而耿耿于怀，我们就无法发现在不确定事件中可能获益的其他机会。

我们常听二胎妈妈说，第一个孩子当宝养，第二个孩子当猪养。正是因为有过第一个孩子的小心翼翼之后，很多妈妈都发现，当初的种种担心和控制，其实大部分是没有必要的。孩子有自己的生长和发育节奏，那些让我们对未来过于担心的种种，最终都成了生活中的寻常事。因此，二胎妈妈往往在育儿的心态上更有弹性——"没事，过段时间就好了""这样也有这样的好"等。

所以，在遇到意料之外的时候，新妈妈应该告诉自己"没什么大不了的，不用太在意"，遵循孩子生长和生活展开的自然节奏，让自己在心理上变得更有弹性。

过度评价

在英国电视剧《神探夏洛特》中有一个情节让我印象深刻，躺在病榻上的华生的妻子正在弥留之际，她拉着华生的手，一字一顿地说："你是一个好丈夫，因为你做到了两点：1.不评价；2.不抱怨。"

不评价和不抱怨其实是我们保持心理健康的两个锦囊。处在逆境当中时，能做到这两点的人，一定会很快走出阴霾。产后妈妈们的抑郁症状，恰恰与这两条相反，特别是"不评价"这一条，对于在焦虑和抑郁中备受折磨的新妈妈们来说，可谓难上加难。对孩子的过度关心让我们会"过度评价"，这带来了一系列的负面思考。

对自己和外部事物的描述构成了我们对这个世界的基本看法，对事情的描述调动的是我们的理性思维，而评价往往带有浓厚的感情色彩——正确与错误、好与坏、负责与责备，等等。比如，让十个人描述同一个白色花瓶，大家所用的语句差不太多，但如果让十个人评价一个有颜色的花瓶却会产生极大的差异，例如喜欢或不喜欢、素雅或乏善可陈，等等。当产妇把主观评价当做是客观事实的时候，就会把自己带到一个非常危险的位置，使她们在应对那些客观的、而非个人评价的事件时缺乏灵活性。

生产之后，我们虽然行动不便、身体疲乏，但精神的活跃程度却并没有降低。所以，当抑郁的情绪开始影响我们的时候，我们很容易因为将全部的精力都投入到对这种情绪的关注，而陷入思维混乱。产后抑郁的人在做的大部分事情，就是疯狂的"评价"，评价我们所处的情境以及身体的感觉，而且这些评价往往是充满了负面情绪的。

过度评价的坏处一方面是让我们混淆了事实和我们心中情绪的界限；另一方面是会让我们无法从眼前的事情上抽身，消耗不必要的能量。

归因谬误

"每日三省吾身""出了问题先从自己身上找原因"，传统文化格外推崇"自我反省"，这也是儒家"修身"当中的应有之义。然而，过度的引咎自责，其实很容易引发精神冲突。特别是在精神本来就比较脆弱的产后，将新生儿的所有问题归咎到自己身上，很容易让产妇加重思想负担，提高了罹患抑郁症的风险。

面对产前和产后的各种"不确定状况"，建议各位新妈妈，遇到事情先问自己三个问题。这三个问题能帮助我们快速跳出悲观的螺旋，重新梳理事实，找到真正的原因。

问题一：真的有人怪我吗？

42岁的安妮告别自己的上一段婚姻已经4年多了，但她迟迟不愿意向前迈出一步，很大程度上源自对自己的不自信。今年春天，她终于在朋友们的劝说下在网上登记了自己的信息，决定向新生活迈出一步。一名心脏内科的医生很快和安妮建立起频繁的互动，在网络上，他们不仅有相似的生活经历，更有很多的共同爱好。安妮很盼望跟医生见面，但也有点担心从网络走到现实。

经过两个多月的线上沟通，安妮和医生终于要见面了。他们相约在一家格调不错的西餐厅，医生如约而至，安妮也选择了自己最漂亮的一条裙子赴约。这次会面应该说中规中矩，直到医生接到一个紧急电话，呼叫他回去加入一场急救手术。医生频频致歉，匆匆离开，留下了孤单的安妮。

安妮拿出手机，给自己最好的朋友打电话讲了前因后果，朋友在电话的那一头说："他根本不是因为急诊才走的，你自己心里也知道，对吧？这是提前设计好的套路，肯定是因为对你不满意。你看，你又老又丑，还带个孩子，收入也只能算是中等，医生的职业地位高，收入也不错，他到哪儿不能找个更好的姑娘呢？"

这个"最好的朋友"简直太坏了！甚至可以说是恶毒，对吗？但是，如果我告诉你，这段对话并不是发生在安妮和她"最好的朋友"之间，而是安妮和她自己内心的对话呢，会不会感觉到有些熟悉？很多时候并不是周围的人和环境在给我们压力，而是我们自己。无意义的自责很容易在我们感到脆弱、无助，以及面对未知状况时出现。

在我们的整个人生中，孕期是一个无意义自责高发的时间段。有很多新妈妈会认为，产后抑郁就是自己的脆弱或者是性格缺陷导致的。如果我们想一想社会大众对于精神障碍的态度，以及身边的人对情绪障碍的态度，其实也可以很容易理解，为什么新妈妈们会在患上产后抑郁之后，有这种想法了。

虽然在孕产的整个过程中，孕产妇是当之无愧的"第一责任人"，但很多事情的发生本身就是有一定概率的。还记得《反脆弱》中说的吗？"我们的生活更像是猫，而不是洗衣机，生活本身就是有不确定性的，而与自己为敌，不仅不能改变事情的原貌，还会造成额外的麻烦"。

面对不希望发生的事情时，我们需要拿出理性的思路对事情进行"认知重评"。认知重评是"控制和管理艰难情境"的最有效策略，要真正接受这个观念：事情只是通过我们发生了，而不是我们在让这个事情发生。因此，在出现问题时，产妇最应该做的是把"真的有人怪我吗？"这句话多重复几遍，赶走心里那个"最好的朋友"。

问题二：这会是长期影响，不可更改的吗？

当初因为新生的宝宝住院，我伤心、担忧了半个月有余，虽然家里一切如常，但是对孩子的思念和自责，已经让我慢慢地抑郁起来。跟我不一样的是，我的丈夫在这件事情上的态度很乐观，他当时安慰我说："没事的，你就当咱们宝宝自己去医院度假了，你看，刚好这两周你还能好好休息，恢复体力，这不是两全其美吗？"

两周过去了，宝宝顺利被接回家中，一家人就忙碌了起来。虽然一开始，我还是忍不住心疼，总对宝宝默默说着"对不起"，但时间久了，这件事情真的变成了一个很小的插曲，被淡忘了。

人之所以过于担忧，往往是因为我们看得还不够大、不够远。"这会是长期影响，不可更改的吗？"当我们对自己问了这个问题，就能避免最常见的短视化思考。

新生儿初到这个世界，抵抗力和免疫力都处在最敏感的阶段，一些指标的异常和反应的不稳定都是暂时的。在类似的问题发生的时候，新妈妈需要不断提醒自己——这是长期影响，不可更改吗。这种方式有助于我们跳出眼前的困难，用长远的眼光来对待哺育孩子这件事。是的，正是因为他们初来乍到，我们才如此小心翼翼，但不要忘了，他们还有长长的一生要度过，眼下的种种只是他人生中很笨拙，却也会很快过去的片段而已。

很多新爸爸都发现，产后的新妈妈似乎心眼儿变得"特别小"，芝麻大的一点事，稍有不慎就会引发一场家庭战争。是的，因为生孩子，新妈妈的世界被急剧缩小了。据调查，在完成生产的前三个月，中国女性打交道的人平均只有7个。我们似乎被绑在了以孩子为圆心的一个圈里，每天抬头不见低头见的就是家里的这几个人。

生活空间变小，生活冲突被放大，这是产后抑郁影响我们认知的客观现实，然而，眼下这些让我们烦心的事情，把时间线拉长到五年，甚至十年，把空间拓展到生活之外，我们就会发现，其实也没有那么严重。

很多新妈妈的产后抑郁症来自对生产之后的生活不满意。过去整天可以打扮得美美的，现在却成日穿着家居服，面色苍白，发型单一；过去总是要跟姐妹们来一个八卦的周末，去刷一下近期的热门电影，可做了妈妈之后却只能跟呜呜哇哇的小孩子打交道，唯一的娱乐只有手机……生产之后的生活会给新妈妈带来"绝望感"，很多时候是因为她们没有认识到，这种糟糕的状态仅仅是暂时的，并不会持续太久。产后的身体疼痛在3个月之内几乎都能消失，气色的问题在半年之后也会极大的缓解；伴随孩子的长大（特别是一岁之后），做妈妈的枯燥性会直线下降，而趣味性和满足感会快速上升。

要相信，随着时间的过去，我们一定会好起来。

问题三：这件事情很重要吗？

抑郁是过度悲伤、过度压抑、过度自责的结果，之所以会有过度的情绪反应，一方面是因为我们将事情放置在太狭隘的位置上，没有从一个更长的时间线，更广的空间范围来看待我们当下正在经历的。另一方面，很多我们以为"非常重要"的事情，其实并不真的重要，只是它们没有按照我们预期中最理想的状况发生而已。实际上，这也是一种"强迫"，因为我们试图让事情以我们的方式，按照我们的时间表发生。这样的例子不胜枚举：

我的孩子竟然是个塌鼻梁！？怎么可能，没有遗传到我的高鼻骨！

我的孩子都6个月了还没有长牙，别人家的孩子都长了3、4颗了。

宝宝的头发好少，感觉都快秃顶了，我都40多岁了才秃顶，宝宝怎么会这样？

本来想好了要在产假休完之前恢复到孕前体重的，现在多出的这5千克是什么东西······

当我们把一件事情看得"重要且需要被改变"时，就会排斥其他的观点和可能性，开始给自己施加"强迫"的压力。在孕育这件事情上，我们有很多事情是无法控制的——孩子的长相、健康情况、性格，等等。在生产后，哺育孩子的过程也是和自己的无力感相斗争的过程。所以，我们不要反复纠结那些自己无力改变的事情，而应把注意力灌注在我们可以改变的方面，比如去改善夫妻关系、尝试利用碎片化的时间休息、更多的社交、运动，等等。

我们需要学会放松，并允许生活以它自然的时机和方式呈现。如果能在面对暂时的困难之初，我们就能理性地思考"这件事情很重要吗"，便可以有效分散自己的注意力，用更成熟的方法来应对。

妈妈对自己的信心、情绪的成熟度、看待事情的弹性，都会传导给身边的孩子。如果孩子从小看到妈妈很容易受到周边环境的影响，他就会处在不安当中。相反，如果妈妈是在情绪上很成熟的人，看待事物的眼光包容而积极，那他也会生活在一种安全和放松当中。

所以，请试着勤于锻炼自己的自动化思维，试着对自己说："没什么大不了的"或者"最后一定会好起来，还没有好起来，那就是还没有到最后"。

过度关照他人

过于自恋的新妈妈会特别看重自己的情绪，而过于自卑的新妈妈则容易过度照顾别人的情绪。前一种妈妈相对来说是产后抑郁的低发人群，因为看重自己的情绪，虽然会过度关注，但一定程度上能起到保护自己的作用。后一种妈妈更容易受到抑郁的侵害，因为她们更容易因为要照顾别人的情绪，而掩盖自己的需要，最终憋出内伤。

所以，对于那些平时就比较内向，性格比较柔弱的新妈妈来说，在孕产的整个阶段需要学"坏"一点。如果你一直都要求自己是一个非常好的人——好妈妈、好妻子、好儿媳，那你会发现自己其实是一个没有力量的人，而"坏"可以为你带来力量——争取自己的立场，学会拒绝，学会按照自己的意愿行事。

我建议新妈妈在生产之后的100天里，关掉感受他人情绪的通道。为什么呢？因为这是我们最脆弱、最容易受到他人影响的一个时间段，家里虽然没有通常意义上的坏人，但"共情能力低"的家人却不在少数。当他们看到新妈妈"卸掉了大肚"，回到孕前的样子，便很难真正体会她们的激素变化和情绪起伏，从而疏于对她们的照顾和包容。与这样缺乏共情能力的家人相处，如果新妈妈不努力屏蔽掉负面的情绪，也会很容易伤害到自己。

我们不可能在短时间内将身边的人培养成一个在情感上非常成熟、又懂得共情、理解和包容的人，能做的就是降低自己对他人情绪的感知，尽量减少外界负面情绪对自己的影响。

日本知名作家渡边淳一曾经写过一本非常受欢迎的著作——《钝感力》。在书中，他告诫现代人不要在日常生活中太过敏感，保持在情绪上迟钝的能力，也就是钝感力。相比于张扬、感性、敏感，在错综复杂的日常生活中，钝感力不仅可以保护好自己的能量，还有助于我们找到身心平衡。在产后的情绪敏感期，练就自己的钝感力，是新妈妈顺利完成角色转换，抵御产后抑郁的有效手段之一。

CHAPTER

09

乘上行动的护卫艇

· · · · ·

　　行动能帮助我们调动身体的感觉，释放压抑的情绪并改变情绪本身。借由行动，我们更容易放下对过去的执着和对未来的担忧。行动通过能量转化，消解我们投注在负面情绪上的注意力，正所谓"能解开锁的钥匙并没有插在锁头上，钥匙通常在别处"。

行动是解药

如前所述，产后抑郁是一种情绪和生活状态的下行螺旋，抑郁通过改变我们的思维模式，让我们在负面情绪中越陷越深。通常情况下，新妈妈的大脑会被负面情绪本身占领，陷入"怎么才能走出抑郁呢"的思考。然而，我们对负面情绪投注的思考越多，我们就越有可能被它牢牢困住。

研究证实，简单的情感干预很难抵挡住产后激素变化所带来的影响。一些临床研究还表明，旨在控制情绪的情感操控，最终不仅没能缓解抑郁，反而导致抑郁加重。这些情感控制的手段几乎都是逃避行为——让我们减少积极活动，回避个人问题、压制个人情感。如果我们的目标是暂时控制情绪，那这些策略也许会很有效，但如果我们的目标是解决问题，这些策略几乎是完全无效的。

常见的短期策略及效果分析

行为方式	短期结果	长期结果
白天大量睡觉	睡眠之后情绪有所好转。	为自己的无所事事感到负罪，垂头丧气。
大量进食	吃零食和饱腹感让我能保持冷静。	身体和活力值都在走下坡路，自我批评和后悔更多。
回避大量的人际互动	不必耗尽能量，感到解脱。	和亲友们的关系越来越疏远，感觉到很内疚、被遗忘和被抛弃。

　　和产后抑郁做斗争是需要技巧的，直接采取积极的行动来找回你的生命能量，你会发现自己的健康和情绪状态逐渐就能得到改善。行动而不是思考（有时只是纠结），是减轻乃至消灭抑郁的最根本办法。在《攻壳机动队》中，女主角有一句很经典的台词，她说："我们紧抓着记忆，仿佛它能赋予我们人格，其实并不然，我们的行为才能赋予我们人格。"

　　行动能帮助我们调动身体的感觉，释放压抑的情绪并改变情绪本身。借由行动，我们更容易放下对过去的执着和对未来的担忧。行动通过能量转化，消解我们投注在负面情绪上的注意力，正所谓"能解开锁的钥匙并没有插在锁头上，钥匙通常在别处"。与情绪的抗争会使我们精疲力竭，加重我们的痛苦，而投入行动，则会让我们释放大量的时间和精力到自己可以控制的部分上来，让我们过上更积极、主动而有价值的生活，且这种改变是长期有效的。

下文是六个帮助新妈妈驱散抑郁情绪的最有效行动，借助这些行动，新妈妈可以很快找回生命的活力。

参与到日常生活中来，寻求社会支持

　　韩小默从生完孩子之后就跟老公分房睡了，原因是夜里要照顾宝宝，怕影响丈夫第二天早起上班。她独自带着孩子睡在另一间卧室，"分居"的日子让她倍感孤独。虽然每天都有宝宝在身边咿咿呀呀，家里人也都会围在屋里逗逗宝宝，悉心炖好汤羹，关心她的状况，但大部分时间里，小默只是不分白天黑夜地喂奶、看孩子、刷手机，活动的范围也仅仅限于卧室、餐厅和客厅。

　　不多久，宝宝满月了，全家人似乎都跟着迈进了新的阶段。丈夫提议："出月子那天一家人出去吃饭庆祝，也算是给宝宝庆祝满月。"可是，小默却显得有些为难，"哎，感觉自己好糟糕，又胖又倦怠，面色枯黄，两眼无神，一个月没出门都不知道该穿什么衣服了，还得化妆什么的好麻烦，不如叫外卖算了，宝宝也什么都不懂，庆祝什么的之后再说吧"。就这样，丈夫的提议被小默否决，一家人叫了外卖，平静地过了宝宝满月的节点。

日子一天一天地过去，小默的身况慢慢好起来，却一直提不起精神出门。就这样，小默变得越来越宅，屋外的季节已经转换，她的时间却像是被定格了一样。

小默陷入产后抑郁的一个原因（也是后果）是和周围的世界失去联系。其实，很多新妈妈都会变得非常关注自己和宝宝，更少地参与社交——不愿意与人交流、不愿意出门。

——那段时间我好像跟大部分的朋友都断了联系，总觉得自己已经跟过去的圈子格格不入了。那些还没结婚生孩子的姑娘，跟我像是两个世界的人。看见她们一个个花枝招展，真是还不如不去呢！待在家里起码轻松多了。

——这个时候看来是不适合做这个的，还是等等再说。

产后的"特殊待遇"，只是我们给自己戴上的"紧箍咒"。其实，哪怕是一个没有经历着激素变化、身体健康的人，成天闷在家里做一些重复的事情，也会渐渐抑郁起来，更何况是本身就处在情绪敏感期的新妈妈呢？

　　有人计算过，产后纯母乳妈妈在一天24小时之内喂奶的时间累计达到4个小时，并且全天无休。这种强行打破正常作息的状况，会带来精力和体力的逐渐减少。于是，大部分新妈妈会有意识地采取某种策略——放弃那些看似"不重要"和"不必须"的日常活动，比如跟朋友见面，或者是外出吃饭，让自己自在和放松一些。然而，这些不必要的社交活动，恰恰是新妈妈调整心情，抵御抑郁的法宝。

　　一开始，我们希望把所剩不多的精力留给更"重要"和"必须"的事情，比如无时无刻地看护孩子，或是刷公众号学习育儿知识。然而，喂奶和育儿的过程不仅辛苦，还非常"单一""琐碎"，时间一长就会滋生烦躁情绪。这些烦躁的情绪没有其他地方可以释放，就会打乱我们作为一个"社会人"的健康精神节律。斯德哥尔摩卡洛琳斯卡研究所的玛丽·爱斯伯格教授把这种远离社交"放弃"的策略，描绘成一个枯竭的漏斗——当我们或有意或无意地将自己的生活圈子变得越来越小时，这个下行的漏斗便形成了，这个漏斗越来越窄，我们就会越容易感到疲惫和枯竭。

　　许多有抑郁情绪的新妈妈在休完产假回归工作后，抑郁情绪都得到了极大缓解。这是因为工作的节律强迫我们将生活的其他方面归位，过滤掉了过多的思绪和情感，让我们心灵的"新陈代谢"顺畅起来。

所以，新妈妈一旦发现自己的情绪长时间特别低落，出现沮丧、绝望感等状况时，就要赶紧积极找寻社会系统的支持。比如，在喂奶间隙来一场和闺蜜的下午茶，向好友倾诉，或是跟丈夫来一次短暂的二人世界，或是参加团体活动等。很多新妈妈会在不影响喂奶的情形下，每周给自己放一天假，这是非常好的"回归正常"的方法。

社交活动能发挥两个方面的作用：其一是帮助我们分散注意力，长时间封闭在家里，没有其他社交活动，会让我们将注意力一直集中在不良情绪上，参加社交活动能让我们暂时跳出育儿生活，这种短暂的抽离有阻断抑郁的作用；其二是参与社交活动能通过分享来排解负面情绪，通过和朋友们"吐槽"，有助于释放不良情绪。当然，如果线下的社交活动有种种限制，你也可以通过线上社交——与朋友们聊聊天，与同月龄的妈妈们交换产后心得和育儿问题，来实现倾诉。

我还想说的一点是，孕产妇不用完全将自己局限在过去的朋友圈子里。孕产期也是很好地结交新朋友的时机，你有很多机会认识跟你一样经历过这些的朋友。产检的过程中、社区医院或是同月龄孕妇群、育儿讲堂等，你都有机会结交跟你感同身受的新朋友。哪怕是曾经不那么熟络的朋友，也会因为共同的经历，迅速拉近距离。特别是那些比我们更早做妈妈，或是已经收获了二胎的妈妈们，她们因为掌握了丰富的经验而能带给你一种从容、淡定的轻松感，也能在具体的育儿方面给予我们最实际的帮助。

当然，并不是所有的社交生活都是好的，一个负能量爆棚，互相攀比，或只是在吐槽自己丈夫、婆婆的、家长里短的微信群往往弊大于利。所以，请留心去发现那些拥有超好状态的"能量妈妈"，并主动去结识她们吧。

用运动打破恶性循环

运动不仅能让生产过程更加自然、顺畅，让产后恢复迅速、卓有成效，坚持从产前到产后有规律地运动，还能帮助我们抵御产后抑郁的侵袭，守护好我们的心理健康。

运动与产后抑郁

一项由澳大利亚心理学家主导的临床试验显示：在产后早期，新妈妈在物理治疗师的指导下进行锻炼，可以显著降低产后抑郁的发生率。运动能刺激体内激素提升并稳定下来，还可以促进机体里内啡肽的分泌，改善不良情绪。有节律的运动生活还会让你从生产中更快地恢复过来，远离疼痛和虚弱的烦恼。要知道，这些身体不适的症状，本身就是产后抑郁的一大诱因。

越来越多的研究表明，运动对产后抑郁有积极作用，其效果可媲美药物治疗，甚至更为显著。也就是说，与花大把钱持续吃药相比，运动的效果并不差，甚至还更好。

运动作用于抑郁症的内在机制，跟运动对单胺类神经递质、神经营养物质的影响息息相关。此外，运动还能改善神经内分泌系统的活动，调节神经免疫系统的功能，优化中枢神经系统的结构，调节生物节律。

由于睡眠缺乏、身体疲惫，不少新妈妈会说："我都这么困和累了，为什么还让我运动，根本提不起精神来动一动啊？"但其实，运动恰恰能够抵消精神上的困乏，让我们的精神变得饱满起来。这是因为，人体的生活节律是由自主神经的交感神经和副交感神经保持着动态平衡来完成的，我们在白天适度运动，适量消耗，就能有效刺激功效迟钝的大脑边缘，使得具有提高体温功效的交感神经占据优势；而到了夜间，具有放松身心的副交感神经就能够主动出击，达到降低体温、提高钝感力，实现饱满睡眠的作用。

运动不仅能防止产后那些日常烦恼演变成严重的产后抑郁，还能够为我们带来难以想象的力量。我们身体的活力和内心的积极程度紧密相关，当我们带动身体出汗、肌肉紧张，我们也同时会增加对自己的"掌控感"，使自己更自信、更乐观，也更坚强，这是在产后的我们最需要的心理素质。

产后运动需要循序渐进

从怀孕前至孕期再到生产后，是一个相互关联且完整的过程。准妈妈最佳的选择，是能够在三个阶段里一以贯之地运动，并根据身体所处的阶段不同，来调整运动方式和运动强度。最糟糕的做法是只在某一个阶段突击运动。有些准妈妈在备孕期并不运动，怀孕之后在身边人的影响下将运动提上了日程，而在生产之后，精力又全放在了新生儿身上，导致产后好几年，身材还是迟迟恢复不到孕前状态。

如果你刚刚开始打算要一个宝宝，那最好立即开始运动。除了孕早期、围产期和月子期，你在其他时间都可以根据身体情况选择适宜的运动方式。很多情况下，你根本不需要去健身房，在家里，甚至是床上，都能够进行一些对身体恢复很有效的运动。记住，运动是一件非常需要持续进行的事情，一旦开始，最好不要轻易中断。

其实，我们的身体本来就会在生产之后，自动清理掉之前贮存的一些"安全脂肪"。通常情况下，新妈妈会在生产之后的45天内自动减去2.5—5千克的体重。

产后恢复身材的最佳时间段则是生产之后的一年之内。由于处在哺乳期，新妈妈每天的身体会多消耗大概1500—2000大卡的热量，在这个身体加速燃烧的特殊时期，只要身体状况允许，稍加运动就会带来体重的显著变化，如有神助一般地帮你回到孕前状态。可惜的是，一些新妈妈在生产之后不仅没有及时开始修复性运动，还因为各种"民间智慧"大补特补，最终补来了"追奶肥"。

产后运动需要循序渐进，不能急功近利。我还记得自己在顺利完成生产之后的"内心戏"：终于不用再为了肚子里的小家伙在意营养的摄取，心心念念的"减肥大计"可以实施啦！我心里暗下决心后，在医院里的时候就开始偷偷地把每顿饭自动减掉了2/3的分量，还得意洋洋于自己的体力和聪明。然而，才短短三天，我就出现了明显的体力不支——刚生完的时候还能稳定有力地在病房里走路，可现在就虚弱到走路都要大喘气，整个人像是随时会倒下来。

对产妇来说，生产是我们的身体经历的一场史无前例的浩劫。从身体到精神，我们的能量几乎消耗殆尽。在完成这一重要使命后，我们最明显的症状便是虚弱，超过85%的产妇会出现头晕盗汗，甚至会感觉自己气若游丝。这时候，我们需要迅速从食物中摄取能量，恢复体力。所以，千万不要在刚刚生产之后就忙于节食减肥，对于直接进入带有挑战性的运动课程和产后修复训练也要谨慎。这时候，好好恢复元气，顺利迈过哺乳这道坎儿，才是重中之重。

对于一直有运动习惯的产妇来说，生产之后45天开始，就可以慢慢进行一些幅度轻微的运动了，比如躺在床上时的抬腿、抬胳膊、慢走，等等。产后3个月，根据体力的恢复情况，很多产妇已经可以像孕前那样进行正常的运动了。此时，最好在专业教练的指导下循序渐进地增加运动强度，以保证身体缓慢适应。切记，无论你对"恢复身材"的渴望有多强烈，都不能用节食来损耗你的身体。

在过了哺乳期之后，运动的效果开始表现出"滞后性"，比如今天你参与了一次体量比较大的全身运动，明天你感到腰酸腿痛，但体重并没有变化，身材也一如往日，这很容易打击到辛苦运动的产妇。这个时候其实正是考验你决心的关键点，运动带来的体型和体重变化通常会出现在你坚持运动一周以上，只要耐心点，循序渐进地坚持，你一定会看到自己想看到的成果。

不同部位的产后运动

怀孕期间，骨盆底部较小的盆底肌群，提供向上托举支持的力量；分娩时，这些肌肉被拉伸到极限。因此，要想恢复强健的身体，以便快速恢复躯干和骨盆功能，格外需要增强盆底肌肉的力量。为了改善盆底肌的力量，缓解漏尿的情况，产后修复专家开创了卓有成效的"凯格尔运动"，也就是提肛动作。在条件允许的情况下，每天做300次凯格尔运动，或者每天早晚各做10分钟凯格尔运动，都能够有效缓解盆底肌松弛的症状。上网搜索"凯格尔运动"，就能找到正确的指导。

为了慢慢恢复腰部力量，在身体感觉舒适的时候，产妇可以循序渐进地进行一些简单的恢复性训练，比如练习腰背挺直地端坐、站立和行走。在产后4—6周内，你可以穿一些专业的支撑类衣物来给骨盆和腰背部力量，这些衣服很有利于收紧脏器、改善身姿。

怀孕生子会让我们的腹部肌肉变得松弛下垂，因为孕期所有的腹肌都受到了极度牵拉。为了改善腹直肌分离，缓解生产之后松弛的腹部肌肉，你可以做收紧小腹的运动。但是需要注意的是，在盆底肌松弛状况没有得到较好修复的时候，过大的腹压会导致盆底肌纤维再次断裂。因此，在盆底肌松弛症状完全消除之前，新妈妈不能进行腹部的力量训练，比如反复的仰卧起坐，以及持续的卷曲躯干等动作。

此外，在产后恶露停止后，新妈妈在可以承受的范围内慢慢进行有氧训练，轻松简单的游泳、有氧跑步，都是值得推荐的。如果你在孕期也一直坚持力量训练，那你有更大可能可以在产后3个月内开始恢复健身房的锻炼。有一些新妈妈会担心大量的有氧和无氧锻炼会影响乳汁的成分和产量，这种担心其实是不必要的。加拿大妇产科临床指南指出：在哺乳期加以适度的运动不影响母乳的产量和成分，也不会影响婴儿的成长。当然，专家也建议：在锻炼结束之后半小时再开始哺乳，并且最好在哺乳前擦拭汗水，清洁乳头。

远离手机

在备孕的最后阶段和生产之后的很长一段时间里，手机成了准妈妈们"最好的伙伴"，新妈妈们对手机的依赖性变得更强，是因为它对于处理碎片化的时间非常简单高效。

不妨看一看一个新手妈妈与手机之间的日常：买买买——孩子出生后，给新生的婴儿买小衣服、日用品、适龄的玩具，手机上某宝刷不停；拍拍拍——对着宝宝可爱的样子拍照片、拍视频、美美图、晒照片，也会消磨掉几个小时的光景；娱乐一下——带娃生活太无聊，边看娃边刷剧；知识提升——移动端的育儿账号五花八门，光是看这些内容也能消耗不少时间。

不少研究指出，过度依赖手机，会增加新妈妈罹患产后抑郁的风险。一方面，过度依赖手机会夺走新妈妈本来就宝贵的精力和体力，在产后最需要休息的阶段，玩手机让人在被动娱乐中消耗掉很多能量。同时，睡前刷手机，我们接触到的信息会堆积在大脑里来不及消化，当我们躺下来准备睡觉时，大脑还在费力地消化囤积的信息，情绪也被迫处在兴奋状态，无法平静下来进入睡眠。慢慢地，身体原本就虚弱的新妈妈会感到更加疲倦乏力。这种持续过劳自然会给新妈妈带来烦躁感，并导致抑郁。

另一方面，沉迷手机有可能加重新妈妈们的自我封闭。伊利诺伊大学厄巴纳香槟分校的研究人员说：在那些使用智能手机仅仅是为了"打发无聊"或娱乐的人群中，抑郁的风险并没有过于显著的提高；而那些将手机视为"安全毯"式设备的人群，也就是通过使用手机来逃避处理不愉快经历和感受的人当中，逃避行为带来了不少的心理问题。频繁使用手机，持续逃避问题，将问题积压而不是处理，将带来产后焦虑和抑郁的风险提升。

此外，使用手机和产后抑郁之间的因果关系还与专注度有关。在过去的十年中，有至少20个研究调查了专注力和抑郁之间的关系。英国的研究者已经发现，从抑郁中恢复过来的人，如果接受了专注力训练，他们将来就不大可能再出现抑郁问题。要知道，抑郁症的复发率可是相当高的，抑郁症每发作一次，下一次再复发的可能性会增长1.6倍。针对另一群病人的研究显示：专注力训练对抑郁症状有显著的改善，在专注力训练群组中，有72%的病人显示了抑郁水平的下降，专注力为他们带来了健康和安宁。

虽然借助手机社交，产妇可以便捷地宣泄情绪，纾解心结，但过度使用手机会剥夺跟家人相处，甚至是跟新生儿相处的时间。许多产妇会不知不觉地陷入"玩手机—自责没陪孩子—想逃避自我责备—继续玩手机"的恶性循环。同时，因为新妈妈过度玩手机疏忽孩子，导致意外事件不断增加，也让玩手机与婴儿风险之间产生了一种可怕的联系。

手机还是我们"活在当下"的最大阻碍，通过手机我们将自己从现实中剥离，一开始可能并没有什么，但时间长了就会感觉到压力、分心，丢失原本的快乐。

从生理上看，月子期间过度用眼也不可取，虽然不会像很多民间老话说的"眼睛会瞎掉"，但生产确实会导致我们的新陈代谢水平下降，微循环的减慢，在这种情况下长时间使用手机，会很容易让眼睛处在过劳、缺水的状态里，出现流泪、视觉模糊、眼皮下沉等症状。

其实，就使用手机而言，还是有一些方式是不损耗眼睛的。比如，多用手机播放音乐或者音频，将双眼解放出来。听音频是一个非常好的具有陪伴性，又不会让你从孩子身上抽离注意力的娱乐方式，可以借助音频课程学习育儿知识，分享好的音乐给宝宝。

在产后的心情敏感期，每天给自己规定一段时间彻底放下手机，去感受真实可见的生活。像是在身体恢复得差不多可以出门的时候，每天晚饭后放下手机出门散步，短短一个小时的回归自然，就能让人感到踏实、轻松。

其实，哺育孩子的过程也是让我们回归到最本质人性的过程，你即将教你的宝宝认识这个真实世界里的一花一草、一水一土，而放下手机，是这一切的开始。

正念冥想

　　冥想原本是瑜伽中实现"入定"的一项技法，意思是：把心、意、灵完全专注在原始之初，从而达到制服心灵，超脱于负面欲念的境界。正确的、持续的冥想，会在怀孕过程中达到同时滋养妈妈和孩子的作用——孕妈妈如果能经常静下心来冥想，不仅可以减少负面情绪，提高应对生活的能力，对还未出生的宝宝也能起到抚慰情绪的神奇作用。

　　过去几年心理学家已经发现，人们的情绪状态对于思维有着无处不在的影响。当我们感到疲惫、不开心的时候，过去的失败记忆和自我批判就会被激活，让我们更难以将注意力从这些可悲的想法转向其他事情，哪怕明知道转换思路能够改善心境，我们也很难做到。

"我为什么不开心呢？""孩子明明这么乖，也没有什么多么不如意的事情，为什么就是感觉这么心烦呢？"产后抑郁带给我们的负面情绪会激发我们的消极应对方式——厌恶反应。当我们把情绪本身当做是必须击倒、消灭、打败的敌人时，我们就把自己推进了一个陷阱——越想去解决负面情绪，越可能更加长期地陷在苦恼里。

我们大脑的运行模式致力于判断和比较，借助分析来解决问题，这种自我关注、自我批评的大脑模式有一个很美好的描述——反省。但是，对于处在心理脆弱期的产妇来说，"过度反省"是有害的。过度反省是一种试图解决自己根本无法应付的问题的盲目英雄主义，所以通常适得其反——我们越是刻意去抵抗抑郁，就变得更加抑郁。我们需要做的不是去寻求产生抑郁的原因、克服抑郁的方法，而是将自己的心理模式从旧的螺旋中彻底解放出来。

冥想训练被用来提高人们辨识心理事件的能力，它教我们彻底放空，并活在当下。冥想的原理在于通过专注，停止内心24小时运作不休的判断、评估、分类、偏见和预期，从而将事件和情绪分开；停止给事物划分对错和好坏，从而减少消耗内心能量。一些关于脑功能的科学研究还发现，冥想状态会给脑功能带来永久性的积极改变。

冥想训练操作起来并不复杂：你可以在一个舒服的垫子上盘腿而坐，或是在沙发上坐直（不要弯腰驼背），放松全身，然后什么都不想。"什么都不想"是冥想的关键！尝试一次之后你会发现，这句简单的指令实施起来有多大难度，你的念头就像是太阳下空气中的灰尘一样毫无章法地漂浮，又像是一群野马肆意奔驰，你需要经过努力才能平静下来。

运用想象是控制自己念头的好方法，比如我会想象自己的坏念头被归拢在一个很大的方形盒子里。在冥想开始的时候，我将盒子从心里拿出来，彻底清空，这种具象化的想象能帮助我整理混乱的思维。在这个过程中，你要保持放松，保持放空，当思维不受控制地开始"思考"，不要责怪，不要评判，也不要被它带走，只需要尝试再次进入冥想状态。

你也可以通过一两句箴言来帮助大脑放空，用积极、肯定而重复性的话语占据你的大脑，我自己很喜欢的一句"正念宣言"是：我是完美、完整和完全的，我赞同自己，我的世界里一切都好。

你还可以借助瑜伽训练中的"全身扫描"来帮助自己进行冥想训练，从头顶开始想象，依次放松你身体的每一个器官和部位，直到脚趾。全身扫描能帮助我们快速找回自己的存在，让自己彻底放松下来。

　　冥想训练需要坚持、需要重复，当你坚持超过一周以上，你便能慢慢找到其中的窍门，会越来越多地感受到冥想带来的好处，比如神清气爽、思路清晰，轻松和积极。

~~~~~~~~

"赞美日记"

无论是社交、运动，还是冥想，其原理都在于打断我们自我封闭、反复沉思的下行螺旋，重新对我们的思维和情绪编码。如果你觉得社交真的很麻烦，需要配合其他人；如果你觉得产后体力真的差，运动的指标很难达到；如果你觉得冥想看似简单实则太难，脑子里的念头完全不受控制。那么，我这里还有一个更加简单易行的办法来帮你逃出抑郁，那就是：赞美日记。

赞美日记的概念是由日本漫画家和作家手冢千砂子提出的。在日本，家庭主妇不仅承担着繁杂的家务，还承受着不小的心理压力。由于雇用育儿嫂的费用高昂，日本绝大部分新妈妈从一开始就要独自承担育儿的工作，而丈夫因为工作繁忙和社会角色的固化，对于新妈妈的支持和帮助比中国的少得多。这直接导致了日本的产妇患产后抑郁的比例奇高，且因产后抑郁自杀的案例也在全世界排在前列。

千砂子原本是一个自由漫画家，在生产之后，她发现自己几乎是被牢牢地绑在了家里，除了看孩子、做家务，还需要完成创作漫画的任务。有段时间，千砂子足不出户甚至超过了3个月。她就这样变得抑郁了。虽然孩子渐渐长大，但千砂子的抑郁情况并没有缓解，反而愈演愈烈。为了拯救自己，她通过大量的阅读和自我实践，开创了"赞美日记"这种产后抑郁的自我疗法，既简单又有效。一经推出，就在日本迅速获得了广大家庭主妇的喜爱，很多人都在千砂子的带领下找到了久违的快乐。这使得千砂子成了日本清除产后抑郁方面的标杆性人物，她所著的《让你幸福起来的赞美日记》被誉为是一本"自我救赎"的书，一本消除"自我否定"的方法书。

"赞美日记"的原理非常简单，即通过简单的写日记的方法来给予自我肯定，从而让新妈妈找回信心，走出自我否定的怪圈。新妈妈由于激素变化、脱离社会、对自己要求过高等原因，获得外界肯定的机会急剧减少，自信心大打折扣，加上育儿中难免遇到困难和挫折，更容易生出焦虑、沮丧，甚至是崩溃。

传统的产后抑郁疗法（包括药物在内）都主要在两方面进行努

力，一方面是分析产后抑郁的成因，从源头杜绝抑郁的发生；另一方面是治疗抑郁的症状，让产妇在情绪和意识层面减少负面思考，减少焦虑。简言之，传统的心理学治疗大多数是寄希望于将负分的心理状态调整到正常（即零分）状态。"赞美日记"则不关注负面情绪，而是直接给产妇注入大量的正面能量，让产妇的心理状态变成正分，这就是千砂子所强调的"赞美的力量"。

千砂子指出，人在受到赞美的时候，会不知不觉地变得心情舒畅，身心都涌现活力，"赞美"也和"食欲""性欲"一样，是日常生活的必需品，会给我们的大脑带来愉悦的刺激。相反，如果"被赞美"不够或"自我指责"过多，我们的身体和心灵就会遭受严重的创伤。积极心理学中的"洛萨达比例"也表明，在人和人的互动中，如果有一句负面的指责，则需要三句夸奖来平衡。对于自己来说也一样，当你在内心对自己有一次自责，则需要至少三句自我夸奖，才能中和自责带来的伤害。

"赞美日记"的原理很简单：一方面，产妇通过写"赞美日记"来夸奖自己，大脑在受到"赞美语"的刺激之后，脑内的荷尔蒙、血清素、多巴胺含量都会增加，她整个人会变得心平气和、精神饱满，能以更好的状态来面对家人和新生的婴儿；另一方面，接受夸奖也能帮助人们压制消极念头的出现，将人们的注意力从

"哪儿出了问题"转移到"哪儿这么棒"上，真正实现心理状态的逆袭。

那么，该如何写"赞美日记"呢？

第一，要准备好本子和笔，并约定时间。

要让一件事情对自己产生更深远的影响，一定不能忽略这件事的"仪式感"。"赞美日记"的仪式感会增加你对自己夸奖的分量，也让赞美日记本身在你的心中发酵出更多意义：选择一个自己喜欢的笔记本、一支喜欢的笔，跟自己约定好一个时间。时间最好是一天结束时，比如晚上洗完澡后可以独处的时间，约定好了便遵守执行，你会看到坚持的价值。

记住，你需要在"赞美日记"的首页写下"我想成为怎样的人"，比如，我想成为一个有耐心的妈妈、一个温柔的妻子、一个每天都有笑容的人，等等，不要设立要求过高的目标或是太过完美主义的目标，实际和接地气是最好的方式，或者循序渐进，给自己设定一个阶梯式的目标。

第二，学会赞美自己。

"赞美日记"其实是写在日记上的"赞美"，选取一天中你觉得自己做的值得称道的事情，大方地给自己夸奖。例如"今天我自己独立将宝宝哄睡了，我太棒了。""今天虽然挺累的，不过晚上还是给老公做了爱吃的面，我很棒。"

这种直接的赞美毋庸赘言，只要平铺直叙，写出自己内心最真实的感受就好。有人也许会说，一整天几乎什么也没做，乏善可陈，更别说赞美自己了。这种情形下，我们可以选择"没发生的事情"来实施赞美，比如"今天虽然很烦躁，可是晚上老公跟我犟嘴的时候，我也没有发脾气，真的是比之前有进步了呢，表扬自己。"或是"早晨很懒得起床，可是并没有纵容自己，而是早早起来看宝宝了，真的越来越找到妈妈的感觉了呢，表扬自己。"

你也可以借由"赞美日记"去发现那些理所当然的小事，比如，在身体很累的情况下，还是坚持刷牙了；在宝宝哭闹不止的时候，也没有发脾气……也都值得赞美。

这样的观念一旦建立，你脑中肯定自己的大脑回路才会越来越通畅，对自己的正面暗示也会越来越频繁、有效。也许一开始，你会觉得找到自己的优点很难，甚至有些不好意思。但请相信，只要坚持几天，你就会发现自己越来越擅长夸奖自己了。

最后，要让"赞美日记"发挥出更显著的效果，你需要给自己规定每天夸奖自己多少个优点，一开始可以是5个、8个，直到你每天可以找到10个优点，那你就对写"赞美日记"这件事游刃有余了。

第三，表达感恩。

我有一个北大的学妹，她曾经描述自己是一个"不容易感到高兴的人"。在她整个的青春期里，她都感觉到疲惫和厌倦。然而，几年没见，再次出现在我面前的她一改往日的颓废，整个人像是在发光一样。她告诉我说："我的心境在结婚、生了孩子之后发生了某种根本性的改变，经常会感到发自内心的满足和幸福。这种感受是我在曾经的成长历程中前所未有的，特别新奇。"

我没有简单地将她的改变归因为结婚、生子，而是继续探寻她改变的缘由。我发现，是她有意识地调整了自己注意力的分配方向，才带来生活的全新面貌。结婚生子之后，她将更多的注意力投注在那些她"拥有"的东西上，而不是她"没有得到"的东西上。这种注意力的改变，唤起了一种持续性的情感和心境，这其实就是"感恩"。

感恩不是鸡汤，它实际上是一个复杂、高级、独特，并且功能性极强的概念。在赞美自己之余，表达感恩也能直接改变我们的情绪体验。你也可以在每天一开始写一点"感恩日记"：感谢生命中

那些让你感到幸福的事物，或者仅仅是给自己一段独处的时间，来
进行一个简单的"感恩仪式"，比如："我拥有了一个小天使一样
的孩子，谢谢！""今天的疼痛比昨天好一些，让我可以追求一种
更有活力的生活，谢谢！"

　　表达感恩还能让我们对身边的人更加宽容，我们会更容易看到
他人的善意，从而为自己营造出一个温暖、包容的内心世界。

让自己好看一些

曾经日常的照镜子，在产后最初的几十天里也变成了坏心情的源头，看到镜子里的自己身材走形、皮肤松弛、目光无神，因为哺乳而衣衫不整，家居服上又常有各种奶渍和孩子的口水，心情一下子就跌到了谷底。因为形象不佳，我们的自信心受损，社交的积极性下降，甚至夫妻关系也会受到威胁。因此，经营产后形象，是我们在产后应对抑郁的一种方法。

也许有人会说："经历了怀胎十月和痛苦的生产，竟然还要求我顾及自己的形象？！""世界对新妈妈的要求太残酷无情了！"可我想说的是，个人形象原本就不该是外界对女性的要求，而应该是女性的自我要求，形象管理应该是我们最基本的日常管理之一。

在孕期、产后做好形象管理，对于我们预防产后抑郁，保护好自信心，在生产之后尽快回归快乐的生活，起着至关重要的作用。

孕产期的形象管理是一个意念，有了这个意念，你才能不至于有一种"随它去"的心理，最终打败懒惰和放任。"让自己好看一些"，是我从知道自己怀孕的那一刻就在心中种下的种子。当在医院看到方才怀孕3个月的孕妇就已经长胖10千克，穿上了背带棉布孕妇装，不施粉黛的模样时，我所感受到的不仅是准妈妈对怀孕这件事的重视，还有对自己未来7—8个月甚至是1—2年内个人形象的放弃态度。我也见到过孩子已经3岁的妈妈，仍然是素颜出街，身上还带着孕产期增加的十几千克体重。"都是因为生孩子"这句埋怨已经用了几百次，不由得让身边人也替她们担心和着急。

在孕产期，形象管理中很重要的部分是体重管理。对于孕产期的体重管理，我们应该铭记两点：其一是要在内心深处认识到，变胖并不是每个孕产妇都要走的必经之路，通过科学的饮食和锻炼，我们可以大概率地做到"长胎不长肉"，在生产之后也快速恢复到孕前体重。那些在孕早期（1—3个月）就长了5千克左右体重的准妈妈，真的不能责怪宝宝贪吃，而是要好好审视一下，是不是自己以怀孕为借口变得太任性了呢？

其二，孕产妇没有必要将宽松的背带裤、背带裙等"孕妇装"作为孕期的唯一选择。很多准妈妈会在孕期苦恼着装的问题，随着腰围一天天变粗，能穿的衣服越来越少，可是又不能随时去买每个阶段适合穿的衣服，只好选择那些非常有弹性，却没有版型的"孕妇装"。这其实是没有必要的。随着个人形象意识的增强，越来越多的孕妈妈在孕期不会降低自己对形象和衣品的要求，在她们的眼中，没有"孕妇装"和"时装"的区分，除了少部分特别修身和露腰、紧身的衣服外，孕妈妈可以选择的服饰并不会减少太多，带有松紧腰封的孕妇牛仔裤，韩版A字的连衣裙、弹性面料的紧身裙，都能让你的孕期美丽不减。

关于鞋子的选择，建议大家在怀孕之后就不要再穿高跟鞋了。我们常看到女明星挺着大肚子穿着细高跟鞋的样子，但那只是她们参加活动时非常短的时间里的形象需要，并不是在日常生活中也会穿着7厘米高跟鞋的。我自己在孕期会选择一些厚底鞋，或是3厘米以下的粗跟鞋，能提升一些气质，又不会因鞋跟太高而增加跌倒的风险。此外，建议准妈妈们在孕期的鞋子可以买大一码，因为随着宝宝逐渐长大，你会感到自己的脚也在变大。这大概是孩子带给我们的买新鞋子的好理由吧！

关于发型，旧时代里很多孕妇会在产前剪短发，一方面是要收拾起来更方便，另一方面则是"民间智慧"禁止产妇在月子期间洗头。可如今，很多私立医院甚至在你还没出院时，就已经派护士来帮你洗澡了，所以完全不用担心长发会在你的月子期间带来额外的麻烦。所以，根据你自己的意愿，保留你钟爱的发型吧。但是，烫发和染发，出于稳妥的考虑，还是建议大家不要在孕期和哺乳期尝试。

相比较而言，孕期的形象管理相对简单和容易一些，生产之后才是真正的大考验。在经历了体力和精力的消耗殆尽后，很多产妇都会感到自己似乎在一夜之间"变老了"。有研究已经证实一个残酷的事实，那就是：每生育一个婴儿，女性体内的胶原蛋白就会流失30%！虽然在生产之后的一年内，通过饮食和其他的调理方法，那些流失的胶原蛋白会慢慢补充回来，但在刚刚生产过后，脸上的疲惫和困倦，正是跟流失的胶原蛋白息息相关。

虽然在生产后坐月子的42天里，我没有化妆，但我还是有一些让自己"好看一点"的小心机，在那段日子里发挥了神奇的作用。

护色神器——素颜霜、晚安粉

气色问题可能是产后给我们带来的最大困扰了，脸色苍白没有血色，原本的神采也大打折扣。虽然待在家的日子我们不需要BB霜、隔离、擦粉来护持，但也需要一些护色神器。

我在月子期间，会根据心情来使用素颜霜和晚安粉。素颜霜不仅能够帮助抑制黑色素的生成，提亮和增白的效果也非常明显，且比较保湿，让我在家里看起来也精神饱满不少。晚安粉原本是日本女性用来在睡觉的时候"也好看"的神器，被我用在产后，不仅能中和素颜霜的油腻，改善暗沉的气色，还能让面部保持清爽。

元气口红

哪怕什么化妆品都不用，也没有底妆，一抹合宜的唇色仍会让人瞬间充满元气。口红，可以说是我在整个孕期和产后，唯一没有放弃的化妆品。

当然，为了保护宝宝不吸收色素，我选购了两只孕妇专用的口红作为孕期的"保护色"。而且，就算是用了专用口红，我也会在吃饭之前用纸巾将唇色尽量擦干净，防止过多的色素进入身体。虽然，这样的小心翼翼理论上来说也是没有必要的。因为化妆品借由我们的皮肤表层进入体内的量极小，皮肤的角质层实在是"五毒不侵"，而它最大的功能也是"防水"；退一步说，哪怕是不慎进入到母亲体内，胚胎的胎血屏障也会将这些化学物质完全隔绝开，让胎儿不受到一丝侵害。到了生产之后，化妆对于哺乳的影响基本可以忽略不计了。

让自己好看一点，用一支口红就可以简单做到！

坚持是行动的关键

　　上面所讲的这些产后行动方案，可能有一些是在你一开始做的时候就会显现出积极效果的，比如运动、参与社交，如果你"感觉好些了"，那一定要坚持下去，因为长期坚持的效果不仅更持久稳定，还会对你的大脑和性格带来根本性的影响。另一些方案，比如正念冥想、写"赞美日记"，则需要一定的时间才会显现出它的效果。这就需要你带着开放的心态多次尝试、不断观察，不能急于求成，你需要做的是打破所有自我封闭的障碍，慢慢来。你会发现，其实每个人都有自愈的能力。而如果你继续做你过去一直做的事情（例如，躺在床上玩手机），那么你就更可能继续得到你过去得到的结果。

　　所有的方法都会产生积极的效果，前提是你需要坚持一段时间。你要对自己许下承诺，然后很好地去履行这一承诺，反复训练自己，并形成习惯，就像运动员一样，当你把一种行为变成习惯的时候，它才真正"成了你的"——被内化到你的思维体系当中，从而让你对负面情绪形成免疫。

写给新爸爸的话

· · · · ·

　　新爸爸在孩子出生之后出现一些负面情绪和抑郁问题，是很正常和普遍的。新妈妈和其他家人在关注宝宝的同时，也不能忽略爸爸的感受变化。如果新爸爸减少了笑容、唉声叹气、焦虑，并出现胃口的变化和睡眠问题，那就是抑郁的初步症状了，需要格外引起关注。

什么？新爸爸也会得产后抑郁？！

新生命的降临，对妈妈是个挑战，对爸爸又何尝不是？

其实除了新妈妈，刚刚升级的新爸爸也面临着患抑郁症的风险，并且还真不在少数。这些抑郁的新爸爸中，有24%—50%的人声称，自己的妻子正在经历产后抑郁。——妻子患上产后抑郁被视作是丈夫同时遭殃的原因之一。

虽然症状往往不如新妈妈表现得严重，但新爸爸们的产后抑郁常常因为被自己和家人忽视，没有及时干预，而带来了更加严重的后果。因此，在关注新妈妈情绪状态的同时，也格外需要关注新爸爸的感受和变化。

2016年11月，英国卡迪夫大学的一名博士研究生John Clayton毫无预兆地自杀了。作为曾经的英国皇家空军军官，他在2013年当上爸爸后，遭遇了严重的产后抑郁，虽然他及时发现并参与了心理治疗，但抑郁的情绪就像是不受控制的定时炸弹，不知道何时开始，也不知何时能够结束。最终，他丢下了年轻的妻子和不满3岁的宝宝，选择结束自己的生命。这一极端案例也引发了对于"爸爸产后抑郁症"的广泛讨论。

以下是我从论坛上找到的一些新爸爸在孩子出生之后的自我感受。

我觉得我对孩子的出生没有什么太大的感觉，并没有想象中那样会对孩子产生深刻的爱意，反而觉得因为家里多了一个什么都不懂的陌生人，打乱了我原本的生活。

——宝爸　Milo唐

我觉得孩子并不喜欢我，我抱她的时候她总是闹，没完没了。每次老婆给孩子喂奶、换尿布，我都在一边陪着，但是说实话我觉得自己在一旁就像个傻子，什么用都没有。有时候觉得自己对她而言，根本就是毫无意义。

——宝爸　鹤立仙山

　　家里的支出变多了，老婆也变了一个人，完全不顾我的感受了，全部的心思都放在了孩子的身上，好像我在家里就是空气。

——宝爸　莫莫

　　英国医学院研究委员会和伦敦大学在2018年发布了一份研究：21%的爸爸们曾经经历了产后抑郁。虽然比起80%的女性产后抑郁，新爸爸的产后抑郁的概率低了很多，但依然是个不小的比例。

　　此外，还有调查发现：虽然有73%的新爸爸会关注新妈妈的心理健康状况，但只有38%的新爸爸会关注自己的情绪变化。我们的文化中对男性的刻板印象也是认为，男人理应坚强、硬朗，有再多的压力都要自己扛。这也导致了男性面对成为爸爸后的负面情绪，往往会选择视而不见或闭口不言，直接结果便是他们的产后抑郁更加隐蔽，更难以治愈。

　　其实，新爸爸在孩子出生之后出现一些负面情绪和抑郁问题，是很正常和普遍的。新妈妈和其他家人在关注宝宝的同时，也不能忽略爸爸的感受变化。如果新爸爸减少了笑容、唉声叹气、焦虑，并出现胃口的变化和睡眠问题，那就是抑郁的初步症状了，需要格外引起关注。

　　在这种时候，一方面新爸爸需要多跟妻子沟通，交流各自的感受；另一方面，夫妻双方需要共同努力，注意调节生活的节奏，为一家三口的生活多寻找一些乐趣和新鲜感。

新爸爸产后抑郁的原因

与新妈妈的产后抑郁主要来自激素和身体的变化不同，新爸爸们的抑郁主要由外界因素导致。但是，新爸爸的身份转换问题，也跟新爸爸自己的性格和处事方式息息相关。

经济压力

伴随孩子的出生，新爸爸会感受到家庭支出的明显增加——都说孩子是"碎钞机"。这个时候，新妈妈还希望将最好的东西给孩子，新爸爸因此会面临巨大的家庭经济增项支出，从而背上额外的心理压力。

被忽视感

很多新爸爸都表示，自从孩子出生之后，妻子对自己的关注和关心都大打折扣。新妈妈将最多的注意力都投注在孩子身上，加之在月子期间和哺乳时期，很多家庭都会采取夫妻分房、分床而睡，确实会影响夫妻关系的维系和经营。

新爸爸凡事感觉插不上手，自己的存在有时还显得有些多余。这种持续的被忽视，低自我存在感，也会带来情绪的低落。

新身份代入感滞后

新爸爸们对小生命的降临无疑是很期待的，但有很多研究显示，大部分的男性会到孩子1岁左右时，才能真正感受到自己"做爸爸了"。这种身份代入感的滞后，会导致在孩子刚出生的前半年，新爸爸感到迷茫、找不到自己的位置，也跟自己之前设想的"满足感"形成差距，现实和理想的落差也会带来负面感受。

妻子的指责

"你什么也帮不上我！""你看你笨手笨脚的，帮倒忙。"这些新妈妈们脱口而出的埋怨，有时确实是事出有因。男性多半不够细致，不太擅长育儿，面对小宝宝难免会手足无措。但太多带有情绪性的指责和嫌弃，无疑会让新爸爸们的情绪沮丧、低落，感到无价值感和无意义感，从而引发抑郁情绪。

总之，在产后，新爸爸需要对自己的情绪和情感变化多多关注，不要将自己全部精力放在"为家庭奋斗、为家庭牺牲"的角色里，保持和妻子的沟通渠道畅通，有问题就事论事，有需要就及时提出。

同时，新妈妈也需要在专注育儿的间歇，关心新爸爸们的感受。有些女性一旦生了孩子，身体里的"母性"就完全掩盖了"妻性"，导致自己对"妻子"这个角色中的义务履行不足。新妈妈应该抽出一份精力关心新爸爸，两个人可以安排一周中的一天单独相处，增加交流和互动。

写给新爸爸的话

从怀孕到生产再到哺育新生儿，可以说女性承担了哺育后代中超过90%的工作，自然也承受着这个过程中超过90%的责任和压力。与之相对，新爸爸似乎更加"置身事外"一些。

在更传统的年代，新爸爸几乎可以完全不参与育儿，他们的职责更多的在于外出赚钱养家，带回"奶粉钱"。令人欣慰的是，在当下，我们看到越来越多的年轻爸爸，更深地参与到婴儿诞生和养育的整个过程中来，从产前培训、全程陪产，到伺候月子、参与育儿，等等。越来越多的男性与他们的爱人一起，经历着人生的重大进程。这是时代的进步，也是价值观的升级。

有研究已经证实，新爸爸在孩子出生乃至之后的哺育阶段参与越多，新妈妈患产后抑郁的概率越低。这是家庭的合作精神在生产这件事情上的最好体现。生产，甚至成为考验新爸爸们耐心、爱心和责任感的试金石。新爸爸的态度和行动，对新妈妈的精神状态、家庭的和谐程度，以及新生儿的安全感，都起到了至关重要的作用。

对新爸爸来说，想要对新妈妈的产后抑郁症加以预防，就要站在她的角度上，多说一些肯定和鼓励的话语。如果不带有同情心理地强调她在孕前和产后的状态差别，盯着她的错误，就很可能导致抑郁症的发生或者加重。要知道，在产后这个极其特殊的时期，新爸爸的态度和做法会在新妈妈的心中产生"放大效应"。在这个时候，你对新妈妈的一点点好，得到的效果是加倍的，而你对新妈妈的一点点不好，也会被放大很多倍。

在新妈妈产后，新爸爸很容易将注意力倾注在新生儿身上，不知不觉中忽略了她的感受。尤其是生产之后出产房的这个重要时间点，很多亲人会围在婴儿床旁边端详孩子，而这个时刻恰恰是新妈妈体力耗尽、情绪最敏感脆弱的时刻，如果新爸爸能一直守护在新妈妈身边，一定会让新妈妈感受到翻倍的温暖和爱意。

此外，月子期间的新妈妈通常会被安排跟宝宝同住一屋，而新爸爸另居他处。这样一来，新爸爸需要注意的是：每次去妻儿的屋里时，不能把注意力都放在孩子身上，忽略新妈妈的感受，要多多关爱她，包括从身体的恢复到心理的变化。要知道，小朋友在这个时刻还不认识爸爸妈妈呢，关怀新妈妈才是保护这个小家的最有效的方式。

新爸爸的行为能直接影响新妈妈的情绪状态，以下这些是新爸爸力所能及也可以事半功倍的事：

新爸爸要做的：

1.给新妈妈更多夸奖、鼓励和肯定。

2.多询问新妈妈身体和心情的状态，主动关怀、悉心观察。

3.多参与新生儿护理，哪怕感觉自己插不上手，在一旁观察和陪伴，也是一种参与。

4.多引导新妈妈参与更多的社会生活，安排家庭日活动。

5.多跟新妈妈聊一些与生产和育儿无关的话题，分散她的注意力。

6.协调家庭成员之间的关系，凡事站在新妈妈的角度考虑问题，时刻铭记自己和新妈妈才是真正的"队友"。

7.更多地包容和理解新妈妈的情绪起伏，甚至无理取闹，不要用孕前的状态来要求对方。

8.始终将新妈妈的重要程度置于孩子之上，将夫妻关系置于亲子关系之上。

新爸爸不可以做的：

1.千万不要怀疑甚至嘲笑新妈妈患上了抑郁症。

2.不要训斥、批判、嫌弃以及教育，像是什么"要努力""要坚持"的话也是不合时宜的，会给新妈妈带来更多的精神压力。

3.避免置身事外的同情。

4.不要将新妈妈和另一个人（其他认识的新妈妈）做比较，因为当新妈妈感觉到自己是一个失败者时，会更容易陷入抑郁。

5.不要让新妈妈感受到孤独。

现在，很多公司都会给新爸爸一段带薪陪产假，希望所有的新爸爸们在条件允许的情况下，都能腾出这段特殊而宝贵的时间，好好陪伴你最重要的家人，快快进入"爸爸"这一角色当中。

以食养心，"食商"升级

· · · · ·

在怀孕和产后这个特殊时期，"吃得对"的重要性毋庸置疑。因为我们吃进去的每一口食物，都需要对自己和宝宝两个人负责，好的食物不仅能给孕产妇和宝宝带来丰富的营养，还关系到新妈妈的身体修复能力、供奶能力及宝宝的智商发育、情绪能力，等等。

人如其食

在英文中有这样一句谚语："You are what you eat."直译过来就是：人如其食。这句话的意思是，我们吃的东西从某种程度上定义了自己，可见"吃"是一件多么重要的事。

如今在中国台湾地区，非常盛行一种"情绪食疗法"。它的核心观点认为：食物和情绪之间有很强的关系，而通过改变饮食，就可以达到调节情绪，自我疗愈的作用。这一理论也受到了很多知识精英和明星们的追捧。我们饿肚子的时候会情绪低落，或者烦躁，填饱了肚子自然会有满足感，这是食物和情绪之间最简单的关系。在此基础上，"情绪食疗法"还指出了食物和性格之间的微妙关系：饮食清淡的人情绪往往不急不躁，爱吃辛辣的人常常风风火火；常吃垃圾食品让人懒惰，产生拖延情绪。

营养学本来是一门并不艰深的学问，但两年多的主持营养学节目的经历，让我体会到，互联网时代的信息爆炸和信息下沉，使得良莠不齐的营养学知识混杂在一起，不断加深着人们对"营养"和"滋补"的误解。这些以爆炸速度增长的信息真假难辨，这不仅非常考验我们自己筛选和鉴别信息的能力，也让"吃得对"这件事本身似乎变得难了一点。

"多吃燕窝孩子白""多吃水果宝宝水灵""多吃葡萄生出的孩子眼睛大"……很有意思的是，从我们怀孕伊始，好像身边的人都成了营养师和怀孕专家，每个人都揣着一套颇有把握的理论，苦口婆心地过来叮嘱一番。而家人最直接地关照我们的方式，也一定是费尽心思照顾我们的饮食，"多吃点，你现在是两个人了""现在不考虑别的，吃得好就行"……这样的说法是不是很耳熟？然而，残酷的事实却是，在孕期饮食上，"民间智慧"常常会好心办坏事，不知不觉地误导了我们。在孕产期，有意识地学习一些营养学知识相当有必要，我们首先需要练就的是在饮食方面的鉴别能力，做到不随大流，不人云亦云，这本身就会给我们带来内心的平和，做到在饮食上"充分自恰"。

当然，在孕期和产后这个特殊时期，"吃得对"的重要性毋庸置疑。因为我们吃进去的每一口食物，都需要对自己和宝宝两个人负责，好的食物不仅能给孕产妇和宝宝带来丰富的营养，还关系到新妈妈的身体修复能力、供奶能力、宝宝的智商发育、情绪能力，等等。

此外，系统性的营养理论不仅会让我们在孕产期受益，还能帮助我们改善一个家庭的食物结构，帮我们在家庭餐桌的管理上更科学、更合理，为全家人的健康饮食保驾护航。

提升"食商"，让我们最爱的人从食物中受益，你也可以做到。

不需要吃两人份

大约两百年前（中国清朝年间），美国人每年的人均吃糖量是2.25千克，那个年代食物中的糖主要来自甜味的水果，而到了2000年，这个数字已经翻了30倍，变成了每年人均68千克！

要知道，在这漫长的两百年中，人体基因的变化可谓微乎其微。也就是说，我们日常所需的热量和营养，跟两百年前几乎是一样的。话虽如此，但物质匮乏在人们脑中留下的深刻恐惧，却被强势地延续下来。当我还在我妈妈肚子里的时候，她最主要的营养来源是"每天一个鸡蛋"，而短短二三十年后的今天，当代孕妇的餐桌动辄就能喂饱3个人。

在五花八门的"民间孕期饮食方案"中，"吃两人份"是最有害的建议之一。孕期"大补"的理念害得不少孕产妇营养过剩、体重增加过快，不仅带来了孕期糖尿病、孕期高血压，还导致胎儿过大（超过4千克），最终增加我们生产的难度。而到生产之后，孕期体重增长超量的新妈妈恢复到孕前身材的难度也随之增大，让我们在产后仍然承担心理压力，带来负面情绪。

如果你在孕前有节食或偏食习惯，比如因为要保持身材而不吃主食，不吃肉类，那么你必须在怀孕之后改掉节食和偏食的习惯，恢复到正常的三餐饮食即可。而如果你在怀孕前不是长期的节食者、素食主义者，如果你的BMI①在标准范围之内，那么你没有必要在怀孕之后猛然增加食量。特别是孕早期的前三个月，胚胎还只有一粒黄豆到两颗草莓的大小，他需要的热量和营养非常有限，孕妈妈均衡的一日三餐就可以轻松满足他发育的需要。

---

① BMI：即身体质量指数，简称体质指数，英文为Body Mass Index，简称BMI，是用体重千克数除以身高米数的平方得出的数字，是目前国际上常用的衡量人体胖瘦程度以及健康与否的标准。

中国营养学会推荐的孕产妇所需热量标准

阶段	每天所需热量	对比食物（一个鸡蛋≈80千卡）
孕早期（1—3月）	2100千卡	与怀孕前相同
孕中期（4—6月）	2300千卡	比孕早期每天只需要多摄入2.5个鸡蛋的热量
孕晚期（7—10月）	2600千卡	比孕中期每天需要多摄入大约4个鸡蛋的热量

上面的数据告诉我们，怀孕之后，准妈妈所需要的总体热量其实并没有增加太多，我们完全没有必要在怀孕后开启大吃大喝的模式。"为两个人吃"在热量上的科学释义仅仅是为1.2个人吃。这对于那些想要保持身材、不想因为怀孕而变成大胖子的姑娘们来说，实在是大好的消息。我们可以放松心情地，大张旗鼓地"少吃一点"了。

同理，在我们生产完之后，也没有必要"大补特补"，其实生产完的饮食应该跟"健身餐"非常接近，我们需要大量的优质蛋白质，少油少盐、饮食清淡，而不需要肉汤和肥肉给自己增肥。富含蛋白质的"健身餐"不仅不影响你变成一只合格的"奶牛"，还能帮助你利用好产后的"脂肪燃烧黄金期"，快速恢复体型。

没有借口，你需要比平常更自律

如果听过相关的孕期营养课程你就会发现，当下时代的孕期教育已经和我们传统的"民间科学"相去甚远，营养师在这样的课程中会格外强调体重管理，要求孕妈妈通过合理饮食，将胎儿控制在理想大小——3千克左右，这样会增加顺产的概率，大大降低生产的难度。要知道，我们的骨盆结构并不是为这个物质大丰盛的年代专门设计的，过大的宝宝（超过4千克）会增加剖宫产的概率，哪怕是勉强顺产，侧切和撕裂的概率也会提高。

也许有人会问："吃得不够多，我总担心宝宝饿到怎么办？""热量计算太麻烦了，我如何才能知道自己吃的刚刚好呢？"这些问题的答案其实很简单，那就是听从你身体的感觉，通过本能来做判断。

大自然的设计相当精妙，你肚子里的小家伙还是黄豆大小时，就已经"相当聪明"了，还记得我们之前讲过的"掠夺式"发育吗？它意味着，你摄取的营养会率先供给腹中的胎儿，满足他的需要。小家伙但凡有一点被饿到了，他向你发出的饥饿信号是相当凶猛的。就算在最极端情况下，哪怕你真的营养不良，没有摄入足够的食物，聪明的宝宝也会从你的体内摄取贮存的营养，满足自己的生长——这就是为什么很多孕妇在孕早期孕吐严重，体重骤降，却并不会影响胎儿正常发育的原因。更何况，绝大部分的孕妇在整个孕期，其实根本不太会有饥饿的机会，只要你每顿饭有肉有菜有主食，你宝宝的发育在极大概率上就不会有问题。

多年的体重控制让我曾经幻想自己怀孕时的样子——可以不忌惮食物的热量，大快朵颐，不再在乎腰围变粗，大张旗鼓地做一个胖子。然而，事到临头我才明白，孕期其实恰恰要求自己比任何时候都更加自律。为了宝宝的成长和生产的顺利，我必须抛弃掉所有的借口，保证合理的热量摄入，同时改掉挑食的习惯，努力保证摄入食物的多样性，达到营养均衡。

孕期推荐体重计划（单位：千克）

孕前体型（BMI值）	孕期体重增加范围	孕早期（1—3月）每个月体重增加范围	孕中期（4—6月）每个月体重增加范围	孕晚期（7—10月）每个月体重增加范围
偏瘦 BMI<18.5	12.5—18	0—0.75	1.7—2.3	2.1—3
正常 18.5≤BMI≤25	8—12.5	0—0.5	1.5—2	1.2—2.5
偏胖 BMI>25	5—9	0—0.25	0.7—1	1.3—1.6

在保持孕期体重方面，日本的女性做得非常出色。日本是世界上肥胖率最低的国家之一，与此同时，日本的剖宫产率也是世界上最低的。按照医生的要求，日本孕妇从怀孕到分娩的体重管理十分严格，体重增长只能在10千克以内，这让日本孕妈妈的顺产率始终保持在非常高的水平。

我身边有一位特别爱健身的同事，在整个孕期，她坚持锻炼控制饮食，产前比孕前仅仅增重6.5千克，并顺利生下了3.5千克的大胖小子。夸张的增重并不是怀孕的应有之义，你完全可以一边拥有滚圆的孕肚，一边尽可能保持身材。那些在怀孕前3个月体重就增长十几千克，变得孕味十足的准妈妈们，残酷的事实是：你们长的体重并没有给胎儿，也并不是因为怀孕，只是因为嘴馋和放纵。

良好的体重控制不仅能让我们远离笨重和颓废，为孕期带来轻松的身体和内心的成就感，还会让我们在"卸货"之后快速恢复身材，找回自信。

孕期饮食的基础原则

像我们在本书开篇讲的理念一样，在营养饮食方面，你也需要根据自己的实际情况，制订合理的计划。整个孕期，你最先要保证的是三大核心营养元素——碳水化合物、蛋白质和脂肪——摄入得均衡、足够。最好的做法是保证每顿饭中都含有足量的三大营养元素，如果情况不允许，偶尔某一顿饭缺少了一种营养素（比如，早餐只吃了全麦面包，你就缺少蛋白质和脂肪），也不用太过担忧，在下一顿饭中补足即可。

碳水化合物就是我们通常所说的"主食"，面条、米饭、面包，以及各种带甜味的糖类都属于碳水化合物。碳水化合物是我们最基础和最主要的能量来源，就像电器需要电能，汽车需要汽油一样，碳水化合物是让我们的生命得以延续的基础养料。

蛋白质对于孕期的女性来说特别重要。在英文中，"蛋白质"这个词的词源含义是"头等重要"，机体所有重要的组成部分都需要有蛋白质的参与，它是生命活动的主要承担者，也是人体组织更新和修补的主要原料。恩格斯曾经说过"没有蛋白质就没有生命"，足见蛋白质在构成生命方面至关重要的作用。

之所以需要格外强调蛋白质在我们孕期饮食当中的重要作用，还因为依照中国人传统的饮食习惯，通常会导致我们蛋白质摄取不足。中式餐桌常常是围绕主食的餐桌，包子、饺子、炒面、炒饼……老一辈在物质匮乏年代的记忆，让我们对"饿肚子"的恐惧延续至今，对"粮食"的渴望根植于心。仔细观察你的餐桌是不是每顿都有一定量的肉、蛋、奶？它们就是优质蛋白质的主要来源。如果是一碗面条，那蛋白质的含量就少得可怜，几片面包也无法满足你一顿饭里对蛋白质的需求，特别是对于那些在孕前经常节食、拒绝肉类的女性，更需要有意识地增加膳食中的肉、蛋、奶含量。

在三大营养素中，脂肪因为单位热量最高而饱受诟病，让我们常常"谈脂肪色变"，肥肉、油脂……都被视为肥胖的元凶，令大家避之不及。但对于正在孕育的新生命来说，优质的脂肪特别珍贵，因为它是合成细胞膜的重要原料，脂肪中的脂肪酸具有支持多种脏器的各种功能，尤其是大脑和肝脏，好脂肪还能让宝宝的皮肤和头发丰盈亮泽。同时，多种脂溶性维生素和矿物质，也都需要脂肪作为媒介才能被人体吸收。因此，在孕期，我们很需要和脂肪做好朋友，着重注意补充"好的脂肪"。

营养素也分好坏

三大营养素的来源包罗万象，但存在着优劣之分。一小块蛋糕和一大碗糙米饭的热量可能差不多，但健康指数却有着天壤之别。在孕期，我们要练就自己识别餐桌上各色食物的能力，在美食面前，做到能够快速从"量"和"质"两个维度来甄别它们。"量"包括一餐饭的总量是否刚刚好，也包括各种营养素的"分量"是否足够。"质"则是指食物中营养素的优劣程度，有些营养素天然与人体的需求更匹配、更易于吸收，而另一些则与人体需求差异较大、难以吸收，甚至还会带来"营养垃圾"，造成负面影响。

优质碳水化合物

面食、大米、谷物……中式餐桌上的大部分"主食"，构成了我们碳水化合物的主要来源。碳水化合物是人体最重要的能量来源。营养专家建议，在我们每天摄入的总能量中，应该由碳水化合物提供其中的一半（45%—65%）。

优质的碳水化合物应该包含这三个指标：天然、低糖、低GI值。

选择优质碳水化合物的原则是：精中有粗，薯类替代部分主食，主食中添加部分杂粮，避免加工糖。

天然食物的对立面是深加工食物，一颗完整的谷粒包含更加丰富和全面的营养，而经过了食品工业深度加工过的面粉，则失去了植物纤维和麸皮胚芽中含有的营养成分。越是天然的食材，其营养成分越全面，天然食物里的膳食纤维还能促进肠胃蠕动、帮助消化，让我们的整套消化系统通过"合理运动"保持活力。

过多的糖分提高了孕妇患上孕期糖尿病的风险，孕期糖尿病不仅会增加生产风险，还会对宝宝未来的身体健康带来危害。研究显示，患上孕期糖尿病的产妇以及她诞下的婴儿，在产后更长时间里罹患糖尿病的风险也相应增加，婴儿成年后的肥胖率和糖尿病概率也会大大提高。

在稳定孕期血糖方面，GI值是一个非常重要的概念，GI（Glycemic Index）指"血糖生成指数"，它是反映食物进入人体后，引起人体血糖升高程度的指标，是人体进食后机体血糖生成的应答状况。高GI值的食物，在体内消化速度快，会加速人体血糖上升，血糖的上升会导致胰岛素的分泌，而骤升的胰岛素是促进脂肪形成的元凶。低GI值的食物，让热量在人体缓慢释放，通过提供强烈的饱腹感，有效降低胰岛素的分泌，帮助我们维持血糖稳定，同时有效遏制脂肪的形成。所以，为了避免过度饥饿、避免体重增长过多、预防胎儿过大，孕妈妈需要精心选择低GI值的食物。另外，持续的饱腹感以及血糖值稳定，对于情绪稳定、保持心情愉快也会起到至关重要的作用。

常见的高GI食物和低GI食物

高GI食物	蛋糕、饼干、甜点、果酱、冰激凌等
低GI食物	粗粮、豆类、乳类、全麦或高纤食品、混合膳食食物（例如八宝粥）

优质蛋白质

在准妈妈的每顿饭里，蛋白质的含量至少应该占到三分之一，到了孕中晚期，蛋白质的分量还需要相应增加。孕妇所摄入的蛋白质，进入人体后都将被分解成氨基酸，供自己和胎儿形成肌肉、生成关键的酶类和激素。

从食物来源分，蛋白质可以分成动物性蛋白和植物性蛋白两大类。对于人体来说，动物性蛋白无疑最优，因为它们含有与人体更为接近的氨基酸种类，热量也更高。

要做到每天摄入足够的优质蛋白，需要做到每顿饭都有肉类、蛋类和奶制品。鸡蛋是很好补充优质蛋白质的食材，如果不喜欢吃肉，孕妈妈可以多吃几个鸡蛋——吃1—2个蛋黄（富含优质脂肪），再多吃几个蛋白。

如果你想通过蛋白粉来更方便地补充蛋白质，请注意识别产品的成分标签，推荐选择乳清蛋白制成的蛋白粉，而不是大豆蛋白作为原料的。原因是显而易见的，动物蛋白更接近人体的需求，植物蛋白的人体吸收率非常有限。还要特别注意的是，蛋白粉的吸收效率和天然食物相比还是有不小差距的，虽然摄入了足量的蛋白粉，但你仍有可能缺乏蛋白质，所以还是尽量从天然食材中摄取营养——多吃几个煮鸡蛋吧。

优质脂肪

每克碳水化合物能提供4大卡热量，每克蛋白质能提供4大卡热量，每克脂肪则能提供9大卡热量。

瞧，与前两大营养素相比，脂肪中包含的能量更为密集，一点脂肪就能为人体带来非常多的热量。因此，对于脂肪的选择显得相当关键，我们需要脂肪为胎儿运送维生素、合成细胞、参与机体内各种化学反应，但如果超量，也很快会带来孕妈妈的体重增加，胎儿过大。

不饱和脂肪是脂肪家族中的优秀成员，它们大部分对血液中的胆固醇水平没有影响。一些优质的不饱和脂肪在这些食物中含量丰富：全脂牛奶、初榨橄榄油、坚果、牛油果、多脂鱼类（三文鱼、金枪鱼等）。一些鱼类和鱼油中富含的不饱和脂肪酸（Omega-3）在胎儿的成长过程中尤为重要，它是帮助胎儿大脑发育的超级营养素。

伴随食品工业而大举增多的反式脂肪是选择脂肪时需要格外规避的，反式脂肪中没有任何天然成分，是纯粹的人造脂肪。孕妇食用反式脂肪，不仅会使体重过快增加，还会威胁心血管健康，提高罹患孕期高血压的风险。反式脂肪存在于许多加工甜食中，特别是带有起酥、口感滑腻的糕点中。

假禁区和真禁区

人体像是一个极其精妙的机器，身体的状态会时刻转化为信号传达给大脑。曾经的我是一个几乎和面食绝缘的人，但怀孕之后，包子、饺子、面条几乎成了离不开的主食；还记得我怀孕初期时常常要去超市买下一大瓶1000ml的牛奶，放在车里一天便"咕咚、咕咚"像喝水一样地喝光；还有一阵子疯狂嗜肉，有一顿没吃到肉类便坐立不安。一些奇奇怪怪，甚至是你在怀孕之前从来不碰的食物，在怀孕之后会像空投一般出现在你的脑子里，而且这种孕期食欲经常来得非常强势，给你一种"不吃到不罢休"的执着。

这些难以捉摸的信号某种程度正是你身体的需求信号，释放着你内在的需求，或是宝宝的需求。想喝牛奶想要吃肉，那是你的身体在呼唤蛋白质；想吃面食、想吃甜食，那是你的身体需要能量，帮助宝宝的成长……所以，孕期饮食的一个比较随性的建议其实是——遵从你的欲望，去吃你特别想吃的东西。当然，不能过量。

孕期饮食的真正禁区并没有你看到的那么多，许多网传的"孕期饮食禁区"，因为并没有标明摄入量而不具有可参考价值。举个例子，很多孕期饮食注意事项都说，孕妇不可以吃薏米，会导致流产，但事实上，你可能要一天狂吃下几公斤的薏米，才能造成所谓"使子宫平滑肌兴奋，促使子宫收缩"的后果。又比如说，菠菜可以补铁，却并没标明，要想通过吃菠菜达到补铁的功效，必须要每天吃下几筐菠菜，还得是长年累月地吃，才有可能补够人体需要的足量铁元素。

事实上，所有抛开含量谈利弊的膳食理论都不堪一击，而在正常的食用量之下，99%的食物对孕妇来说都是安全的。下面是一些我们经常见到的孕期饮食"假禁区"：

咖啡——你不必因为怀孕而告别咖啡。在孕前就常常喝咖啡的准妈妈，较之几乎不喝咖啡的准妈妈，对咖啡因的耐受程度要高很多。研究显示，孕期只要将每天摄入的咖啡因限制在200毫克以下（可以是两杯速溶咖啡，或是一个大杯星巴克黑咖啡），对孕妇自身和胎儿来说，都是安全的。我自己整个孕期和哺乳期都没有戒断咖啡，宝宝仍然拥有黄金睡眠，且情绪稳定。当然，孕前没有喝咖啡习惯的准妈妈，不要突然在孕期开始摄入咖啡。

冷饮——在美国的产房里，护士会给刚刚生产完的产妇送上两样东西——冰激凌和冰镇汽水，来缓解产妇生产的溽热和辛苦。其实，只要肠胃可以接受，孕期吃冷饮不仅可以帮孕妇解除油腻，还能给我们带来更多快乐，但千万注意一些冰激凌和雪糕里含有不健康的反式脂肪，以及过多的食品添加剂，不可以过量摄取。

辛辣——孕期不能吃辣？有没有想过四川、重庆、湖南、贵州的孕妇们怎么过？其实吃辣对胎儿的影响微乎其微。当然，吃辣的前提是你在孕前就是一个辣味爱好者，你对辣素已经有一定的耐受性。不必担心，胎血屏障和脑血屏障会将孕妇和胎儿的味道体系隔离开来，只将转化了的营养物质经由胎盘运送给胎儿，虽然同在一个身体内，却让宝宝获得的营养物质跟我们直接吃下的形态并不相同。只要注意，在天气炎热的时候，不要因为吃辣过猛而给胃肠道增加消化负担。

螃蟹——老话说，螃蟹寒凉容易引起孕妇流产。事实上，只要控制食用量（一次不要超过两只），避开孕早期（1—3月），少吃些螃蟹、贝类都没有什么伤害。当然，螃蟹要煮熟，"生"才是真正的禁忌。

在中医理论中，很多的孕期"禁忌"与阴阳调和有关，有的说说寒凉导致流产，有的讲滋补带来上火，实际上这些所谓禁忌的只是"度"的问题，只要你做到尽可能摄取多样化的食物，且任何一种食物都不过量，那么你可以尽管遵从自己的食欲，不会有问题。

怀孕期间，真正的饮食禁区关乎母婴安全，以下这些食物才是你真正需要警惕的"真禁区"：

生食——生鱼、生肉（不到十分熟的牛排）、生的蔬菜（大部分沙拉）等。未经高温处理过的生鱼、生肉中的细菌没有被杀死，轻则引起腹泻、肠胃不适等症状，重则会影响胎儿发育。此外，没经过高温加工的果蔬表皮可能含有弓形体病寄生虫，生的或是未煮熟的鸡蛋可能导致沙门氏菌属食物中毒，鸡蛋在加工之前要充分冲水洗净。因此，孕期真正需要忌口的菜系可能就是日料了，特别是生的三文鱼、金枪鱼等。

软奶酪——蓝纹奶酪，例如斯蒂尔顿奶酪、羊乳干酪、戈尔根朱勒干酪，以及霉菌成熟的软质干酪，例如布里奶酪、卡门贝尔奶酪等，都会带来孕期风险。蓝纹奶酪和霉菌成熟的软质干酪中，有可能含有李斯特菌。李斯特菌中毒严重的会引起血液和脑组织感染，严重影响胎儿发育。要避免李斯特菌的危害，就要注意在冰箱里久置的食物，特别是奶制品和肉类，拿出来后必须要再经过高温加热才能食用，另外更要定期清洁冰箱，防止细菌滋生。

　　酒类——酒精是导致胎儿畸形和智力低下的重要因素。孕妇在怀孕期间禁止喝酒，含有酒精成分的饮料和食物（例如，酒心巧克力等）最好也不要吃。

　　腌制食物——腌制食物含有亚硝酸盐、苯并芘等，且属于不新鲜的食材，同时，其高盐的属性还会给孕妇带来高血压的风险。

　　烧烤、火锅——烧烤和火锅之所以成为禁忌，主要是因为它们的安全隐患，街边烧烤的卫生状况无法保证，火锅则难以保证食材被煮到全熟。折中的办法是，用家庭烤箱来一顿自制的烤肉，在吃火锅的时候尽量将食物涮到熟透。

　　高油、高糖、高盐食物——高油、高糖和高盐饮食会加重孕妇的胃肠道负担，引起便秘。但"孕妇胃"有时会让你特别想念高油、高糖、高盐的垃圾食品，那么一周吃一次"作弊餐"是没问题的，但切不可放纵自己，要知道孕期糖尿病和高血压都来自三高饮食。

　　如果你打算母乳喂养，那么以生产为分界线，孕期是你能够尽情享用美味的最后时段。和哺乳期相比，孕期的你无疑幸福无比，在"安全""健康""适量"的大前提下，你可以放心地享用美味。食物能带给你和宝宝幸福感和满足感，还能促进多巴胺和生长素的分泌，帮助你更好地度过漫长孕期。

孕"补"要有理有据

——怀孕了可要多吃水果啊，多吃水果宝宝皮肤白。

——水果里只有水分、碳水化合物、糖分和维生素，哪个成分能让宝宝皮肤白呢？

——哦，我听我妈说的。

这是在我怀孕时发生在跟一个朋友之间的对话。"孕补"的民间智慧无处不在，却少有能站住脚的，大部分的传统理念，都只是根据食物的外形，遵循着"以形补形"的无道理原则被代代相传着。以下这些"补品"，是你无论在孕期还是产后，都没有必要去特别摄入的，它们无法起到真正"孕补"的作用。

红枣：由于色泽深红，红枣自古就被安上了"补血"的功效，这正是人们对"以形补形"最典型的误解之一。事实上，在常见的贫血类别中，缺铁性贫血是最主要的一种，因此补血主要是要补充身体内的铁元素。然而，红枣果肉80%以上的营养成分是糖，其中铁元素的含量还比不上葡萄干。因此，吃红枣不仅不能补血，还会额外增加很多热量，很容易引发孕期血糖升高。

燕窝：有人说吃燕窝美容，也有人说孕妇吃燕窝，孩子的皮肤就能特别白，这其实也是中国古人不了解食物的营养成分，用"以形补形"来做心理安慰的一种说法。燕窝是燕子的唾液混合其他物质筑成的巢穴，主要成分是蛋白质，且不如鸡蛋中的蛋白质优质。此外，燕窝中仅仅只有人体所需的1种必需氨基酸（人体需要的必需氨基酸一共8种），3种条件性必需氨基酸（人体需要的条件性氨基酸一共13种），功效和作用都远没有广告宣传的那么大。加之，市面上的燕窝价格昂贵，品质混杂，卫生状况难以保证，可以算作是物非所值的典型食物了。

海参：海参的主要成分也是蛋白质，还含有丰富的胶原蛋白和酸性黏多糖。酸性黏多糖是一种免疫增强剂，可以提高细胞免疫功能。需要强调的是，要想通过吃海参增强免疫力，补充胶原蛋白，那你可能得一天三餐顿顿都吃很多根海参，并坚持吃个一年半载，也许才有一些效果。吃一根海参补充的优质蛋白，实则还不如一个鸡蛋来的效果更好。

孕"补"究竟补什么？

怀孕了要"补"，这是中外营养学的共识。但"补"的前提是要有所"缺"，诚如前文所讲，孕妇需要营养均衡、热量适当（在食物热量上的增加不超过孕前摄入量的15%），绝不需要顿顿大鱼大肉的大补特补。那么，孕期的"补"究竟需要补哪些东西呢？

孕妇通过饮食要补充的，是那些在三餐饮食中通常会摄取不足，而又是胎儿发育所需要的关键营养素。成年人如果短期缺乏这些营养素并无大碍，但对于正处在器官发育阶段中的胎儿来说却真的是不可或缺。此外，之所以要额外补充这些营养素，也是因为它们在人体内无法自主合成，必须通过外源性的摄入来补充。

补充营养素的最佳方式是通过食用天然食物，但由于在怀孕后，某些特殊营养素的摄取量必须大幅度提高，大多数准妈妈们很难通过三餐的正常摄取达到理想值。因此，借助营养补剂是一个非常简便易行的解决方案。以下几种是准妈妈在孕期需要通过营养补剂，来额外补充的营养素：

叶酸：叶酸能降低神经管畸形和腭裂婴儿的出生率，孕妇对叶酸的需求量比正常人高4倍。叶酸富含于新鲜的水果、蔬菜、肉类食品当中，但由于叶酸遇到光和热就不稳定，容易失去活性，所以人体真正能从食物中获得的叶酸并不多。因此，准妈妈应当在备孕期间就每天服用叶酸0.4毫克，孕期每天则需要摄入叶酸0.6毫克。

钙：准妈妈需要每天摄入1200—1600毫克钙质，虾皮、牛奶、奶酪、蛋黄等食物中富含钙质。骨头汤并不能达到补钙效果，因为骨头中的钙质能在汤中溶出的成分是极其有限的，而汤类食物不仅嘌呤高、热量高，通常盐分还非常高，并不是孕期的理想选择。

Omega-3脂肪酸（DHA和EPA）：Omega-3能帮助宝宝大脑快速发育，让细胞分裂准确无误，细胞膜更健康。整个孕期和产后，准妈妈应当每天至少摄入1000毫克Omega-3。研究发现，在孕期摄入了充足Omega-3的准妈妈，更可能生下足月的宝宝，还能减少妈妈产前产后的抑郁症比例。Omega-3在安全的海产品，例如熟三文鱼中含量很高，但如果想高效补充Omega-3，孕产妇确实需要依靠Omega-3补充剂。

微量元素和多种维生素：铁、碘、维生素D、维生素B_{12}等多种矿物质、维生素和微量元素，准妈妈都可以通过孕期复合维生素和营养补剂来补充身体所需。

大自然给予我们的馈赠，是让五谷杂粮、水果蔬菜、鸡鸭鱼肉各有所长。人类是杂食性动物，需要在复杂的食物中摄取到多样化的营养元素，根本没有什么实验室里合成的补品，比得上一日三餐里天然的、优质的食物，能给你和宝宝的身体提供最全面安全的营养。因此，对于人类来说，无论是孕期还是平常时期，最理想也最科学的饮食原则就是，讲求系统性营养：吃的种类越丰富越好，吃的数量适当最好。